資料的故事時代

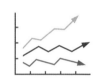

Effective Data Storytelling
How to Drive Change with Data, Narrative and Visuals

大數據時代的未來，
將由資料「說書人」定義！
亞馬遜、微軟等企業巨擘都在用

布倫特·戴克斯
Brent Dykes

洪慧芳　譯

謹獻給我的家人，以及我們非常想念的傑克森

感謝家父、史丹、漢斯，謝謝你們分享敘事的力量

Contents

成為搶手的資料說書人

如今，資料已變成最有價值的商業資產。能把資料轉化為見解，並把見解轉化為知識的公司，可望凌駕對手，突圍致勝。在這個資料導向的世界裡，說故事是幫組織成功發展的關鍵能力。

現在我們活在資料爆炸的世界裡，資料量是以「皆位元組」（ZB，zettabyte）為衡量單位，那是難以想像的巨大數量。1 ZB 指的是後面有 21 個零的數字，等於 10 億 TB（現今最先進的家用電腦，容量約 1TB）。根據預測，到了 2025 年，全球的資料量將超過 175 ZB，相較於今天約 10 ZB 的資料量，那是指數級的成長。然而，除非企業能夠從資料中獲得見解，進而採取行動，做出更好的決策，並啟動變革，否則那些資料都毫無價值。

資料帶來了前所未有的機會，為了充分利用這些機會，企業與企業內部的個人都需要適切的技能，即所謂的資料識讀力（或譯資料素養，data literacy）。從我幫全球各地的公司善加利用資料的經驗，我知道運用資料來說故事的能力，是資料識讀力的核心支柱。

數十萬年來，說故事在人類的生活中已是根深柢固的習性。古往今來，人類一直把故事當成吸引關注、鼓勵參與、激發想像、傳遞知識的重要工具。說故事的能力在當今這個資料導向的世界裡，

跟我們的老祖先住在洞穴的時代一樣重要，甚至有過之無不及。

那些有效講述故事的人，不僅是在陳述事實，他們所陳述的故事也讓人信服、難忘，並在組織內反覆地傳頌下去。善用資料來說故事的能力，在未來的就業市場上會變得越來越有價值。

戴克斯寫了本引人入勝的實用好書，有助於你提升資料敘事的技能。你將學會如何利用資料、敘事、圖像的關鍵要素，來說明、啟發、吸引受眾，進而促成更好的決策及啟動變革。

我相信你讀完這本書後，它會留在你的書架上，變成寶貴的資源與參考指南。在你需要提醒如何以醒目的方式來運用及呈現資料時，隨時拿起來複習。

柏納德・馬爾（Bernard Marr）

未來學家、大數據專家

人人必備的資料故事力

　　雖然本書涵蓋了許多資料視覺化的原則，但**這不是談「資料視覺化」的書**。我想事先聲明這點，以免讀者失望。不過，如果你想更有效地交流見解，那你就找對書了。假如你想更了解資料敘事為什麼那麼有效，讀這本就對了！倘若你想運用資料帶動正向的改變，這本書將為你提供所需的一切（至少從溝通面來說是如此）。閱讀這本書時，你會注意到每一章都是以**故事**開場，因為我就是那麼相信說故事的威力。讓我們一起展開這場探險吧！**很久很久以前……**

　　經過兩年多的密集研究與寫作，很高興能與大家分享我對資料敘事的看法。我寫這本書的歷程從 2013 年開始，當時我說服 Adobe 的活動團隊，讓我在即將舉辦的客戶大會上，開一場分組會議，談「資料敘事」這個我深有共鳴的新議題。我的職涯大多是在處理資料（從事企業分析逾 15 年），幾乎天天都感受到有效的資料溝通有多重要。那次分組會議，是我第一次正式分享我所開發的早期概念與架構。而演講也非常順利，更有人請我再講一次，我因此知道我似乎抓對了什麼。

接下來那幾年，我繼續開發及精進資料敘事的概念，並在多場商業與科技大會上演講。每次我講完如何善用資料來說故事後，總有聽眾問我，我有沒有寫書或開課，這是我第二個注意到的訊號。2016 年，我在《富比士》（Forbes）雜誌上發表了一篇熱門文章，標題是〈資料敘事：人人必備的資料科學技能〉。那篇文章的點閱數突破 20 萬次，你上 Google 搜尋「data storytelling」（資料敘事）時，它常排在搜尋結果的前面，這是提醒我應該寫本書的第三個訊號。

隨著大小組織的資料用量持續成長，大家必須越來越熟悉資料的運用。不過，當我發現大家對「資料敘事」的概念貧乏，而且這個詞很可能變成另一個空洞的流行語時，我覺得寫這本書變得更加迫切。儘管資料敘事有極大的潛力，但它常被定位成「資料視覺化」的延伸。此外，資料敘事中的「敘事」部分大多被忽略了，或被當成視覺效果的配角。雖然許多人宣傳資料敘事的好處，但很少人說明資料敘事該怎麼做，以及為什麼它那麼有效。更有甚者，我撰寫本書的過程中，幾乎天天看到事實遭到濫用、扭曲與貶抑。我們非但沒有利用豐富的資料來幫助自己，還走回頭路，把事實變得無關緊要。在這種棘手的情況下，我們比以前更需要資料敘事者。

Chapter 1

資料、地雷與見解

任何強大的概念在我們決定運用它以前，都很迷人，也一無是處。

——作家李察・巴哈（Richard Bach）

　　一次小挫折讓我學到了資料敘事的第一課。那是發生在職涯初期，我剛完成第一年的 MBA 課程，在美國中西部一家知名的多重通路零售商，找到實習工作。當時，美國經濟陷入嚴重衰退，許多美國企業沒興趣雇用我這種外籍生，因為雇用我需要負擔額外的成本。幸好，我在加拿大做過網路行銷，那家零售商覺得該經驗很有吸引力，所以我在它的電子商務部門獲得了實習的機會。

　　暑期實習接近尾聲時，我和其他幾位 MBA 實習生需要競爭正職。我必須先向電子商務部的副總經理（SVP）做簡報，那是一次重要的機會，它讓我在最後的簡報之前，先確保我的專案是朝著正確的方向進行。當時內人有孕在身，我們還有兩個年幼的孩子，我非常需要全職工作，所以覺得壓力很大，非得讓這位掌握大權的高階主管留下好印象不可。

這位副總經理不是典型的商業領袖，他曾是上尉及特種部隊的直升機飛行員，不只嚴肅的舉止令人望而生畏，還非常精明，畢業於頂尖的商學院。多年來，他把許多 MBA 實習生精心準備的簡報批得狗血淋頭，實習生向他簡報後，往往一臉驚恐、噙著淚水離開。

我不想像其他的實習生那樣落魄地離開，所以費盡心思準備那場簡報。我對自己的專案進展很滿意，也有信心報告目前為止完成的任務。不過，投入專案的過程中，我翻閱客戶調查的回應時，偶然發現一個有趣的資料點。那份資料顯示，顧客認為某種出貨慣例其實不像電商團隊所想的那麼重要。雖然這點對我的專案不太重要，但我覺得值得提出來分享，因為如果資料是真的，那對電商團隊的作法有很大的影響。

簡報當天，一切都很順利，但我秀出那張客戶調查的投影片後，情況就急轉直下了。副總經理看了那張投影片後，產生了反應，但他的反應與我預期的不同。他傾身向前，脫口說出：「鬼扯！」他不是低聲說，而是放聲大喊，好讓現場的每個人都聽得見。那種加強語氣是為了確保現場沒有人質疑他的權威觀點，包括我。我覺得自己好像踩到了地雷，一顆文化地雷。當下那種猝不及防的感覺，讓我頓時陷入恐慌。幸好，一位勇敢的前輩及時跳出來解圍，提供一些必要的掩護，讓我回神過來，勉強地完成了剩下的簡報。我的自尊心雖然有些動搖，但我挺過了那場會議，也帶著寶貴的經驗離開了。

後來我回想那段經歷時，覺得我做了嚴重的誤判。我天真地以

為我是在增添價值，貢獻可能有意義的見解，我以為那個見解的潛在**優點**一定會獲得採納，並促成進一步的探索。遺憾的是，單憑優點不見得會獲得採納。就像許多充滿前景的發現永遠沒有機會實現一樣，我的見解也遭到忽視，那天在會議室裡就遭到摒棄了。我覺得那是值得關注的優點，但那只是我自己的幻覺。一般人與組織不見得會敞開心胸，去接納那些可能改善其績效或職位的新發現（無論他們有心還是無意）。

許多因素導致我的見解遭到摒棄，像是：我的表達方式欠佳、高階主管的封閉心態、文化惰性等等。不過，造成那個見解遭到封殺的關鍵，是它激發的變革程度。見解與變革是齊頭並進的。每次我們發現見解時，只要針對那個資料採取行動，一定會產生變化。

一個發現的潛在價值，往往與它面臨的阻力大小成正比。雖然我們覺得提出見解是分享無害的洞見，但那些見解可能產生大小不一的影響，而那恐怕是他人難以接受的。一般來說，見解越重大，對現狀的破壞越大。畢竟，要別人放棄常規與熟悉的東西，往往相當困難。如果新的見解未獲理解，聽起來也毫無說服力，它就沒有機會克服阻礙改變的力量。自從經歷那次挫敗後，我發現，如果你想提出深刻的見解，啟動改變，你不能只是**告知**受眾，也必須**吸引**他們參與。

用資料推動正向改變

我不確定，我們改變的話，情況會不會好轉。我只能說，情況

若要好轉，需要先改變。

　　　　　　——科學家喬治·利希滕貝格（Georg C. Lichtenberg）

　　古希臘哲學家赫拉克利特（Heraclitus）認為，變化是宇宙的根本。據傳他說過：「變化是人生中唯一不變的東西。」我們活在不斷演變的世界裡，這個世界比我們願意承認的還要隨機、吵雜、不可預測。對個人與組織來說，善於適應不斷變化的環境很重要。誠如奇異（GE）前執行長傑克·威爾許（Jack Welch）所言：「在不得不改變之前就要改變。」與其停滯不前或將就現況，我們通常會想辦法改善自己及周遭的世界。

　　從古至今，人類的創新都是源自於想要**追求更好**的狀態，像是更快、更便宜、更安全、更有效率、更多產等等。比方說，印刷、電話、汽車、電腦、網路等突破性的創新，都帶來了重大的變化。這些科學突破需要打破既有的信念、技能、體系以取代它們。改變是進步無可避免的副產品。想要進步與改善，你就必須追求新的見解，落實新的概念，那免不了會帶來改變。

　　然而，不是所有的改變都有強大的破壞性。二戰後的日本製造商發展出「改善」理念（kaizen philosophy），鼓勵員工在整個工廠中不斷地導入漸進式的小改進。最終，這些小改進積少成多，幫豐田、Sony 等日本企業，在產品品質與製造效率上，獲得很大的競爭優勢。如今，多數創新的新創企業、甚至大公司，也採用類似的「精實方法」（lean methodology），透過漸進式的實驗與敏捷開發來持續精進。

「改善」與「精實」方法的根本都是資料。沒有資料的話，使用這些方法的公司根本不知道要改進什麼，或不知道漸進式改變究竟有沒有效果。資料為推動**正向**的改變，提供必要的透明度與明確性。然而，不是只有在商業界，確立基線、基準、目標才重要，而是從個人發展到社會理念，各領域都適用。正確的見解可以帶來勇氣與信心，幫忙打造新方向，讓你不再只是有勇無謀地豁出去，而是放膽展開明智的探險。

人人都能成為資料分析師

資料有助於解決問題。

——創業家安妮·沃西基（Anne Wojcicki）

過去 50 年的大部分時間，在多數商業組織中，資料主要是交給兩個擁有特權的群體：需要資料以管理事業的**高階主管**；為管理高層收集、分析、報告數據的**資料專業人士**（例如商業分析師、統計學家、經濟學家或會計師等等）。其他人接觸資料的機會相當有限，或是間接接觸，或只是偶爾接觸。

在當今這個數位時代，資料變得更普遍，更多人可以接觸到事實與資料。每年的資料量預期將成長 61％，到 2025 年將達到 175 ZB（1 ZB = 1 兆 GB）（Patrizio 2018）。這種爆炸性的成長大多歸因於這個世界的連結日益密集，以及機器創造額外的資料，而不只是人類或商業實體創造資料而已。

資料迅速變成關鍵的策略資產，在多數組織中，資料已經從「可有可無」變成不可或缺。例如，對亞馬遜、Google、Facebook、Netflix 等科技巨擘來說，資料早已是締造商業成就所不可或缺的根基。無論是從資料如何推動營運，還是從資料提供的巨大策略價值來看，都是如此。從亞馬遜與 Netflix 利用資料所啟動的推薦引擎，到 Google 與 Facebook 那些資料豐富的廣告網路，那些精通資料的公司利用資料與技術，取得強大的競爭優勢。不過，精通資料不再是業界領導者的專利，創新公司不分規模大小都能因此受惠。比方說，我認識一家俄勒岡州的小型建商，它可以從審核過程中獲得絕佳的資料透明度。相較於那些採用低效率紙本流程的在地競爭對手，那家公司享有明顯的優勢。

在現今這個步調明快、瞬息萬變的商業環境中，只讓一小群高階主管及資料專業人士取得資訊已經不合理了。前瞻性的組織希望以資料來增強更多員工的能力，讓他們做更明智的決策，更快因應商機與挑戰。為了讓資料普及並培育資料導向的文化，公司依賴各種分析技術，從隨處可見的試算表，到進階的資料發現工具，應有盡有。

即使你的職稱沒有「資料」或「分析師」等字眼，你的工作也可能沉浸在數字中，而且需要運用資料。如今，資料是每個人的責任。事實上，缺乏背景知識或脈絡是任何分析師的致命傷。另一方面，多數參與日常業務的人，則擁有豐富的背景知識或脈絡。舉例來說，精明的分析師可能忽視資料中的某個東西，但資深的事業參與者可以憑藉多年的專業經驗，輕易抓到重點。資料不在乎你是

誰，也不在意你的分析技巧高低。只要你夠勤奮好奇，就可以從資料中發現洞見。資料取得變得更容易以後，各種背景的人都可能從資料中發現寶貴的見解，那不再是技術人員的專利。

在工作之外，你可能沒注意到自己在「閒暇時」做了多少分析，因為資料日益融入日常生活的各方面。例如，你規劃度假或上網評估不同產品時，可能是根據一些資料做決定，像是陌生人的推薦與評價。事實上，89％的消費者表示，線上評價會影響他們的購物決定（PowerReviews 2018）。如果你是狂熱的球迷，整個球季你都會經常關注愛隊的戰績（或缺乏戰績）。此外，你可能是美加近6,000 萬名「夢幻賽」（fantasy game）❶ 遊戲的熱情粉絲之一，而夢幻賽完全是靠資料啟動的。

以我的居家生活來說，我太太從來沒想過她會接觸到分析與資料的世界。後來，她開始跑馬拉松及參加鐵人三項後，生活突然充滿了資料分析。現在，她持續以可靠的 Garmin GPS 手錶來分析自己的健康狀況與訓練績效。透過努力、決心與資料，她達成了健身的目標，包括完成鐵人三項比賽及著名的波士頓馬拉松賽。無論是追求個人健身、還是商業目標，最近數位資料的激增，以及資料日益增加的實用性與重要性，促使每個人都變得更精通資料。

---

❶ 虛擬的遊戲世界，玩家從幾個真實的球隊中挑喜歡的球員，組成夢幻球隊。以球員在現實世界的表現，轉換成遊戲中的分數，再依每個夢幻球隊所擁有的球員計算成績，排出各球隊的名次。

資料經濟中的必備技能

運用資料的能力，即能夠了解它、處理它、從中獲得價值、加以視覺化，並拿來溝通，是未來數十年非常重要的技能。

——Google 首席經濟學家哈爾·威里安（Hal Varian）

儘管如今有更多人接觸資料，這不表示每個人都做好了解讀資料的準備，能夠有效地運用資料。隨著我們越來越需要資料的指引以及從資料中獲得見解，資料識讀力的提升變得更加迫切。如果識讀力是指**讀寫能力**，那麼資料識讀力就是**了解及傳達資料的能力**。現今的資料工具很先進，可以提供無與倫比的見解，但它們依然需要能夠解讀資料的操作人員。畢竟，一座收藏全球最優秀文學作品的圖書館，對不識字的人來說毫無價值。同樣的，豐富的資料庫對不知道怎麼運用資料的人來說，也毫無意義。

幸好，了解英文不需要高深的英文學位。同理，資料識讀力也不必先有進階的統計知識，以及 Python 或 R 之類的程式技能。不過，你需要基本的算數技巧。例如，能夠了解、處理、解讀標準的資料圖表。由於你正在讀這本書，我假設你已經具備了發現見解的必要算數技巧。無論是透過良好的教育、工作經驗、課外活動，還是靠天生的好奇心，你已經培養了這個技能。現在，你正在尋求改善資料識讀力的另一半能力，也就是能夠**有效傳達或分享資料**。

誠如 Google 首席經濟學家威里安所述，發現有價值的見解，並有效地分享見解，是「未來數十年非常重要的技能」（McKinsey

& Company 2009）。換言之，要從資料中創造價值，大多是靠這些重要的技能。如果你無法解讀那些數字的意義，資料的潛在價值永遠無法發揮出來。假如你能找到有價值的見解，但無法有效地交流，它恐怕還是無法發揮潛在的價值。發明家愛迪生曾說：「創意的價值在於如何運用它。」如果你的驚人發現令人困惑，或沒有吸引力，大家不會有動力採取任何行動。然而，越多人能夠藉由分享見解來推動行動，我們就會看到資料促成更多的正面改變與價值。沒有付諸實踐，見解就只是空洞的數字罷了。

見解的威力

> 直覺是運用已知的型態，見解是發現新的型態。
>
> ——心理學家蓋瑞·克萊恩（Gary Klein）

在本書中，我會經常使用「**見解**」（insight）這個詞，所以一開始先釐清它的定義很重要。我們先從這個單字的起源開始看起，insight 源自中古英語，意指「內在的洞察力」或「心靈所見」（Online Etymology Dictionary 2019）。心理學家克萊恩把見解定義為，「我們了解事物的方式，出現意外的轉變」（Gregoire 2013）。像在分析及檢查資料時，我們的知識可能出現這種「意外的轉變」。例如，我們可能在資料中發現新的關係、型態、趨勢或異常，那改變了我們看待事物的方式。雖然見解大多很有趣，但不是所有的見解都有價值。本書主要是談有意義的見解，那些見解提供

了具體的價值承諾,例如增加收入、節省成本、降低風險等等。

　　企業家賴瑪·拉馬克里希能(Rama Ramakrishnan)分享了簡單的見解例子,那是他的資料團隊在一家大型 B2C 零售商中發現的。他們按交易金額來分析這家零售商的顧客資料時,本來預期顧客是呈典型的鐘形曲線分布,沒想到,直方圖(histogram)竟然出現第二高峰(見圖 1.1)。雙峰直方圖突顯出有趣的奇特現象,那個現象很快就指引他的團隊去發現見解。

　　他們分析第二高峰時(拉馬克里希能稱第二高峰為「嗯……」),發現那主要是海外轉售商,不是這家零售商的典型客群(為孩子買東西的年輕母親)。由於這家零售商在北美以外沒有實體店或網路商店,這些轉售商「每年會從海外到美國一次,走進店裡大採購,然後把產品帶回母國,在自己的商店裡銷售」(Ramakrishnan 2017)。這種「對客群了解」的轉變,為這家 B2C 零售商帶來了一系列額外的問題:

B2C 零售商的交易金額直方圖

圖 1.1　資料團隊原本預期交易呈常態分布(左圖),但出乎意料的是,直方圖竟然出現雙峰。

- 這些轉售商採購哪些類型的產品？
- 他們在哪些商店採購？
- 促銷活動如何鎖定這些人？
- 這些交易資料對公司的海外擴張計畫有什麼幫助？

誠如這個例子所示，單一見解可以開啟大量的新機會（或挑戰），影響多元的活動。理想的情況下，見解不僅會改變我們的思維，也會啟發我們以不同方式做事。見解把資料轉變成方向，帶我們走向無法預知的新地方。舉例來說，發現潛藏的海外轉售商，使那家 B2C 零售商重新檢討其商品類別、促銷、海外擴張。像這種關鍵見解可能徹底改變營運方向，但前提是我們要知道如何有效地與決策者分享這些見解，並幫他們付諸實踐。

把見解說到對方心坎裡

> 目標是提供鼓舞人心的資訊，以促成行動。
> ——作家兼創投業者蓋伊·川崎（Guy Kawasaki）

你為工作或私事（預算或節食）分析資料時，你自己就是分析的受眾。你熟悉資料，也很有可能根據自己發現的見解採取行動，因為那只會影響你自己。然而，在組織中，你的見解往往會產生更廣泛的影響，不只影響你自己，也會以不同的方式影響你周遭的人，比如他們的想法、他們的工作方式、他們的優先順位。你可能

也需要他們的參與及支援，才能落實每個見解所引發的改變。這種人事動態也取決於你在團隊中的地位，看大家把你當成局內人或局外人而定（見表 1.1）。

比方說，你可能得獲得管理者的批准，才能花金錢、時間、精力去解決你發現的問題。為了解決問題，你說不定需要同儕與同事的支援，但他們或許有不同的目的，或他們的優先要務與你的互相衝突。此外，你也需要找人手來採取行動，或自己落實必要的改變。而你找來的人手需要充分了解你的見解並相信它的重要性，才知道怎麼做。你需要有效地溝通，他們才會了解你的見解，進而產生動力，採取行動。

溝通往往在分析過程中淪為事後才補做的事情，而不是關鍵步驟。我自己當分析師時，雖然很努力傳達我的見解，但我也低估了溝通是過程中非常關鍵的一環。根據多年的分析經驗，我發現從分析中獲得價值的五個關鍵步驟是：**資料、資訊、見解、決策、行動**。就像一長串骨牌一樣，每一步對價值的取得都很重要（見圖 1.2）。它是從收集**原始資料**開始，以便獲得某方面的知識。接著，把資料整理及歸納成報告，把原始資料轉化為更容易了解的**資訊**。大家檢閱及分析那些報告時，會發現有意義的**見解**，並做出理性的**決策**，促成**行動**，創造**價值**。

表面看來，這些步驟很合理，但圖表過度簡化了從「發現見解」到「影響決策」的過程。畢竟，光有事實並不會影響決策。誠如多年前我從電商領域的經驗所學到的，文化、傳統等其他因素也會影響決策。唯有透過熟練的溝通，才有機會用見解說服某人重新

表 1.1　你與見解的關係

個人：你基於個人原因去分析資料時，不需要向他人傳達見解。你既是分析師，也是受眾。	
局內人：你與團隊分享見解時，你因為了解背景、也熟悉受眾而享有優勢。由於那個見解也對你有影響，所以讓人了解及接納你的見解，也攸關你自身的利益。此外，權威、權力、職位也會影響你的見解對團隊的影響力，例如高階管理者比實習生更有影響力。	
局外人：你對其他團隊分享見解時，如果那個見解獲得採用與否，你都不會獲得好處，那個團隊會覺得你比較客觀。此外，那個團隊可能欣賞比較新鮮的外部觀點。然而，身為局外人可能也是種劣勢，因為你比較不了解背景，與受眾沒有休戚與共的感覺。	

取得價值的分析路徑

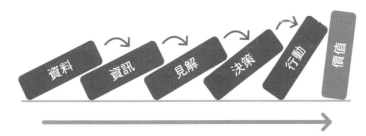

圖 1.2　以分析創造價值，就像骨牌一樣，必須採取連串的步驟（而且反覆地進行）。

評估其觀點與想法。你必須思考你的見解如何突破認知、社會、組織障礙，以促成更好的決策。

見解分享選擇題

> 我們的困擾是，我們同時討厭改變，也熱愛改變。其實我們真正想要的是，情況維持不變，但越來越好。
>
> ——記者兼作家西德尼・哈里斯（Sydney J. Harris）

改變往往很難，無論是對應該改變的人來說，還是對鼓吹改變的人來說，都是如此。多數人通常先天抗拒新事物或不同的事物，因為那看起來好像有風險、不確定，或有威脅。許多人安於現狀，即便現狀不如人意，但畢竟已經習慣了。如果你的見解令某人難堪，改變也會受阻。沒有人喜歡讓自己的糟糕表現、疏忽或不當決策曝光。即使受眾喜歡你的見解，他們可能也覺得那不是優先要務，或做起來太麻煩了，超出他們的能力範圍。

這些考量與議題，導致分享見解變得更加複雜。有時你不免懷疑，值得煞費苦心分享見解嗎？或許你也碰過類似我在本章一開始分享的經歷。面對這種情況，你需要做出選擇：要不要分享見解，究竟是把它埋在心底，當作沒這回事？還是勇敢面對可能遇到的溝通挑戰，因為你知道把它分享出來對大家更有利？這決定要看你有多相信那個分析或研究而定。如果你對那個見解的有效性或實用性存疑，在你鞏固地位之前，不要把它分享出來可能是正確的選擇。

然而，如果你對分析的品質很有信心，也相信它的價值，你會想要把握機會分享那個見解。雖然分享見解不像揭弊者揭發弊端那樣危險，但是分享大家覺得有破壞性或非正統的見解時，確實需要勇氣與決心。

努力溝通，而不只是告知

溝通的效果，不是取決於我們說得多好，而是取決於對方對我們的了解程度。

——美國企業家安迪・葛洛夫（Andrew Grove）

如果你決心讓別人了解你的見解並採取行動，你必須改變方法，從簡單的**告知**（inform）變成**溝通**（communicate）。美國記者哈里斯曾說：「大家常把『告知』與『溝通』這兩個詞互換使用，但兩者截然不同。告知是傳出去，溝通是讓對方明白。」兩種方法都需要發送者（分析師）和接收者（受眾）。然而，告知與溝通之間有一個關鍵區別。告知的目的是確保對方收到資訊，溝通的目的則是確保對方了解資料的意義（見下頁的圖 1.3），那往往需要雙向的交流以釐清訊息。

你告知某人事情時，只是以被動、沒有感情的方式傳播資料。你希望受眾自己解讀資料，沒有把明顯的意涵或資料的詮釋傳達給對方，就只是傳遞事實而已。相反的，溝通是澄清資料的意涵。溝通時，你是積極傳達資訊的參與者，而不是中立、毫無感情的參與

告知與溝通不一樣

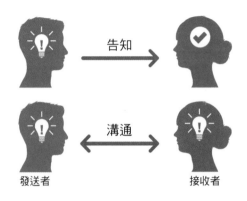

圖 1.3　你告知某人某事時，只是在傳送資訊。然而，你與某人溝通某事時，你會確保對方了解你說的話。

者。當你的目標是讓對方「明白」訊息，你需要引導對方了解數據，激勵對方行動，藉由溝通來吸引對方參與。

　　說故事是有效溝通的關鍵。例如，比較一下「告知」某人你最近的度假，跟「溝通」最近的度假，你會發現兩種方法有細微的差異。在「告知」的情況下，你只要講事實就好。像是，你去了哪裡、和誰一起去、去了多久、做了什麼。然而，在「溝通」的情況下，你會提到同樣的細節，但你也會詳細說明為什麼你決定去度假，最喜歡哪部分，以及度假的感覺如何。你分享的經驗，甚至可能激勵對方也去度類似的假期。畢竟，告知只是把資訊傳到對方的大腦，溝通則是觸及對方的心理與心靈。

　　如果你只是傳遞資訊，沒有要傳達具體的觀點，那採取中立、

被動的方法也可以。不過，如果你的目標是傳達某個見解，光是告知對方就不是有效的策略了。告知不需要幫對方了解你的見解有什麼意義、有多重要。但傳達見解時，你的表達方式需要引起對方的注意、闡明資料的意義，以說服對方行動。為了以有效的方式傳達見解，進而影響決策及促成行動，你必須採用「**說故事**」這種眾所熟悉的強大方法。

讓資料開口說故事

> 數字蘊含著重要的故事，可以講出來。數字需要你賦予它們清晰又有說服力的聲音。
>
> ——資料視覺化專家史蒂芬·福（Stephen Few）

本章一開始，我描述我如何與一位資深高階主管分享我覺得有價值的見解。當我試圖告訴他，客戶對於電商團隊的某個出貨政策有不同的看法時，他突然以無禮的吼叫否決了我的資料。如今回想起來，其實我沒有妥善地陳述見解，因為我沒有用恰當的方式溝通。那應該以另一場專門的簡報來談，讓那個議題獲得更多的關注。我需要為那個數字講述故事，光是提出資訊，就希望受眾產生共鳴，是我自己把事情想得太天真了。遺憾的是，很多人跟我一樣，偶然間發現有趣的見解，卻難以用有意義的方式傳達給他人。

對改變專家約翰·科特（John Kotter）來說，任何改變流程的第一步，都是創造出**迫切感**，幫對方了解為什麼改變是必要的

（Kotter 2013）。就算你覺得某件事情應該改變，但如果沒有足夠的佐證資訊，你很難讓對方產生迫切感。然而，你既然發現了見解，就應該已經有佐證的資料。你有資料可以釐清為什麼必須改變，以及不改變會有什麼潛在的影響。說故事可以進一步放大數字的力量，提供吸引人的敘事，幫受眾融會貫通，促使他們行動。你把資料見解塑造成故事時，那就是傳達意義、吸引受眾、驅動改變的強大工具（見圖 1.4）。

以資料故事取得價值的分析路徑

圖 1.4 你以資料故事的形式來陳述見解時，更有可能影響決策及促成行動，進而創造價值。

這本書的目標，就是要幫你把**資料科學**與**說故事的藝術**結合起來。我想讓大家充分了解，為什麼想要更有效地分享見解，就應該培養資料敘事的技巧。你會學到資料故事的核心特徵，以及資料敘事的三個核心支柱：**資料、敘事、圖像**。為了幫你變成更有效能的資料敘事者與改變的推動者，以下是本書各章節的概述：

第 2 章：改變世界的敘事魔法。你可能沒有意識到故事對生活的影響，以及故事在生活中扮演的重要角色。本章將探索故事的隱藏力量，並介紹一種架構，教你如何善用資料敘事的力量。這一章也會探討你分享資料時，應努力實現的四個關鍵溝通目標。本章將探討不同的實證研究，這些研究顯示，敘事與圖像在說服與記憶方面有獨特的優點。

第 3 章：資料故事心理學。你可能期望事實在決策中扮演要角。然而，心理學與神經科學的研究顯示，情感對決策的影響，比邏輯與理性更大。在本章中，你會更了解大腦如何處理統計資料與故事。同時，也會探索故事更勝於事實的幾個意外優點。

第 4 章：資料故事的解剖。資料敘事與許多東西有關聯，像是資料視覺化、資料呈現，甚至是行銷活動。在本章中，你會更了解資料故事是什麼，以及組成資料故事的六個基本元素。這一章也會探討資料敘事者的關鍵任務，以及了解受眾的重要性。

第 5 章：打下資料故事的地基。資料是構成資料故事的基本組件。雖然本章的重點不是如何分析，但它會定義「實用見解」（actionable insight）的六個屬性，這是任何資料故事的關鍵要素。這一章會探討分析過程中的探索步驟與解釋步驟，那些步驟決定故事如何形成。同時，也會討論如何形成合理的見解、避免以太多的資訊轟炸受眾等原則。

第 6 章：說故事的技藝。即使是資料專家，也可能在「為見解創作敘事」這個領域卡關。這一章先探討不同的敘事模式，再說明如何根據小說家古斯塔夫·弗萊塔克（Gustav Freytag）首創的戲劇橋

段（dramatic arc），來塑造資料敘事橋段（data storytelling arc）。接著，本章探討如何使用故事板（分鏡腳本），把你的重點放入敘事結構中。這一章也說明，如何在資料故事中插入角色與類比，讓整個故事鮮活起來。

第 7 章：打造吸睛的視覺場景。這一章探討資料視覺化的威力與敘事的關係。它探討不同的視覺感知理論，好讓大家更了解人類如何解讀圖像資訊。這章也談到，讓受眾更容易比較資料非常重要。你會學到圖像敘事的前三大關鍵原則，以及它們如何幫你設定資料故事的視覺場景。

第 8 章：讓視覺場景活起來。設定了資料故事的初始場景後，本章將介紹圖像敘事接下來的四大關鍵原則，它們可以幫你精進及強化資料故事的視覺效果。這一章將探討多種策略，包括如何消除不必要的雜訊，把注意力拉到關鍵的資料點上，使內容更平易近人，讓數字顯得可靠、值得信賴。

第 9 章：贏得未來的資料說書人。在最後一章，你會看到所有的資料敘事元素，如何在真實世界的例子中結合在一起。它會帶你循序漸進，採用各種策略，打造出引人入勝的資料故事。看了這些現實世界的例子，你會更懂得把本書的概念與原則套用在自己的見解上，建立起有事實依據、且視覺效果強大的誘人敘事。

　　隨著每個人持續遭到大量資料的轟炸，你會發現越來越多的見解，需要獨特的故事才能好好地傳達。而讓別人了解我們的見解，並採取行動，是我們的責任。美國詩人兼民權活動家馬雅‧安傑洛

（Maya Angelou）曾說：「把不為人知的故事壓在心底最是痛苦。」同樣的，抱著值得分享的重要見解，卻悶著不說它的故事，也是心頭的一大負擔。閱讀這本書，你將學會所有的資料敘事技巧與知識，以確保你的見解獲得了解、接納與採用。你的見解再也不會遭到忽略，世界也會因此變得更豐富。

Chapter 2

改變世界的敘事魔法

有時現實太複雜，故事讓它變得有形。
—— 電影導演、編劇兼劇評家尚盧‧高達（Jean-Luc Godard）

　　1996 年以前，史蒂芬‧丹寧（Steve Denning）對說故事的效果與重要性感到懷疑。就像許多資深高階主管一樣，他認為分析是**好事，講軼事趣聞則是能免則免**。在世界銀行任職期間（世銀是為開發中國家的基礎設施專案提供資金的國際放款機構），丹寧步步高升，成為非洲的地區主管，底下管理 43 個國家的上千名員工。不過，1996 年 2 月，他的上司退休不久後，他意外遭到撤換，成了政治操弄下的不幸受害者，這種情況在大型組織中屢見不鮮。

　　丹寧與對他不屑一顧的上司討論職涯選擇時，可以明顯看出，即使他過去對公司有不少貢獻，但新的管理者對他並沒有任何計畫。他請上司盡快幫他安排職務時，對方只告訴他，他可以試著把焦點放在「資訊」上。當下，丹寧知道自己已經完全遭到排擠了。他沒有辭職或到其他地方重啟職涯，對知識的好奇心促使他開始研

究知識管理這個主題。世界銀行在農業、衛生、教育、交通等領域都有發展專家,但要持續有效地探索這些多元知識極其困難。不過,最近在資訊科技的進步下,丹寧發現銀行有很大的機會可以進一步整合、分享、善用其內部與外部的豐富資訊(Denning 2007)。

當時他面臨的挑戰是,如何說服一家抗拒改變的放款機構,把焦點轉向資訊分享。丹寧決定跨入知識管理這個領域時,基本上是從零開始。當時世界銀行毫無策略、預算或技術,來支援他的新任務。丹寧花了好幾個星期,試圖讓組織內部對他的計畫產生興趣,但幾乎毫無進展。

我使用傳統的溝通方法,但毫無成效。我告訴大家,為什麼那個想法很重要,但他們不想聽。我讓他們看圖表,他們一臉茫然。我很絕望,願意嘗試任何事情,最後我無意間發現了說故事的威力(Denning 2000)。

他向一群抱持懷疑態度的資深高階主管做 10 分鐘的簡報時,意外發現了這點。丹寧在簡報一開始,先說明世界銀行在知識管理方面所面臨的問題,接著他分享一則尚比亞的簡短軼事,讓未來的前景顯得更生動。尚比亞是世界上最貧窮的國家之一,而那個故事發生在 1995 年,一名偏遠村莊的衛生工作者從疾病管制中心(CDC)的網站上,找到治療瘧疾的資訊。由於當時網路還是很新的技術,這算是不小的成就。世界銀行在各種貧困議題上,也有同

樣實用的知識，但那些知識很分散，而且大多難以取得，即便在組織內部也很難。

那則尚比亞的小故事激發了聽眾的想像力，讓他們想到世界銀行若能更有效地分享資訊，可以創造出哪些令人振奮的可能性。透過說故事，**丹寧的**想法變成了**他們的**想法。簡報結束後，一些資深高階主管立即來找他，以了解如何推行計畫。不久，他就受邀向整個管理高層簡報。同年稍後，他那個原本「無用」的任務，變成世銀總裁正式批准的優先要務。起初，丹寧認為資深高階主管只是改變了看法，開始認同（他心目中的）好主意，但後來他開始意識到故事的影響力。

儘管丹寧以尚比亞的故事獲得世銀幾位資深高階主管的支持，但改變依然困難重重。他的想法還是面臨上級的強烈抵制，那群經理當初是刻意指派丹寧去做那項無關緊要、徒勞無功的任務。雖然單靠尚比亞的故事無法支持變革，但那次經驗讓丹寧開始見識到說故事的力量。1998 年，亦即知識管理計畫推動兩年後，那些反對他的經理安排了一場向管理高層報告的檢討會，以便把他的計畫所獲得的支持，轉移到其他領域。丹寧知道他們的意圖，所以事先準備了另一個強而有力的故事：這次是巴基斯坦的故事。

這個新故事，是關於巴基斯坦政府最近向世界銀行的外地辦事處所提出的請求，當時巴基斯坦的高速公路有很多問題。巴基斯坦的公路管理局正在研究新的鋪路技術，他們想知道如何進行最好，並希望在幾天內獲得建議。以往，世界銀行無法在那麼短的時間內回應，因為光是研究及撰寫正式的報告，就要花好幾個月的時間。

世銀巴基斯坦辦事處的專員直接聯繫了世銀內部與外部的公路專家社群。結果，48 小時內，他就從約旦、阿根廷、南非、紐西蘭的專家收到鋪路技術的建議，甚至包括另一個高速公路管理局的負責人，及一位研究人員（他寫了一本有關鋪路技術的書）的見解（Denning 2001）。

巴基斯坦的故事引起管理高層的共鳴，他們都知道能夠迅速回應銀行偏遠單位的請求，有很大的潛力。管理高層因此決定比照世銀公路社群所做的事情，並推廣到世銀的其他專業領域。那些反對丹寧的人原本以為，那場檢討會是類似軍事法庭的聽證會。令他們懊惱的是，那個巴基斯坦的故事進一步刺激世銀想要轉型，變成知識共享的敏捷組織。不久，丹寧開始聽到其他人在會議上熱切地複述那個巴基斯坦的故事，包括世銀總裁。

丹寧讓世界銀行從 1996 年在知識管理方面毫無預算、策略、技術，變成 2000 年有上百個實務社群，成為大家公認的知識共享的領導者。他把這個成果歸因於，他偶然發現的說故事威力。丹寧表示：「想要激勵大家接受行為改變時，說故事不僅比其他的工具更好，也是唯一有效的方法」（Denning 2001）。這番洞見促使他在 2000 年離開世銀，轉職擔任領導顧問與作家，以便分享他在說故事方面的經驗。

如果我請你先暫停閱讀，回想一下你讀到的內容，你記得什麼？你還記得丹寧擔任非洲地區的主管時，負責掌管幾個國家的業務嗎？可能不記得了吧。然而，我相信你一定可以把尚比亞或巴基斯坦的故事，複述給朋友或同事聽。這只是故事威力的一小部分。

一旦我們了解說故事的力量如何推進人類文明的發展，以及每天如何影響我們，我們就會明白，想要溝通重要的見解時，說故事可以發揮很大的效用。

人類天生愛故事

在獲得溫飽與陪伴之後，故事是我們在這個世界上最需要的東西。

——作家菲力普·普曼（Philip Pullman）

幾千年來，說故事一直是人類生活中不可分割的一部分。40萬年前人類學會用火後，篝火很快就變成早期說故事的焦點。1970年代，一項研究鎖定納米比亞與波札那的布須曼人（Ju/'hoan），他們是世界上碩果僅存的狩獵採集社會之一。研究發現，他們的篝火談話中，有81％是在說故事（Balter 2014）。雖然說故事常使人聯想到娛樂，但故事對人類社會來說有個更基本的功能：**學習**。說故事變成有效傳承求生知識、強化文化標準、灌輸道德價值觀、建立社會連結的方式，這些都是共同生活的要件。

說故事一開始只是大家在篝火邊分享的口述歷史，但幾千年來，說故事的方法已有顯著的變化。3萬多年前，史前時代的獵人在法國南部肖維岩洞（Chauvet Cave）的牆壁上，詳細地刻畫了野牛、鹿等多種動物的樣貌。那算是說故事的一個重要里程碑，因為視覺圖像可以強化口述故事的效果。另一個里程碑發生在美索不達

米亞的南部，古代的蘇美人在西元前 3,500 至前 3,000 年展現第一種書寫文字：楔形文字。有了書寫文字後，《吉爾伽美什史詩》（*The Epic of Gilgamesh*，現存最早的文學作品）之類的口述故事，就能以一致的方式記下來分享，並廣為流傳。

在現今的數位時代，故事持續吸引我們，就像以前吸引老祖先那樣。故事在日常生活中扮演活躍的角色，但我們可能沒有意識到它發揮多大的效果。2017 年的一項研究估計，美國的成年人每天花在主流媒體上的時間，超過 12 個小時（eMarketer 2017）。故事是我們吸收的新聞、書籍、電視節目、電影中的主幹。隨著社群媒體的發展，我們都成了說故事的人，與親友分享我們的努力與成果。比方說，Instagram 與 Snapchat 上最熱門的一大功能是「限時動態」（stories），那個功能讓用戶發布的照片或影片在 24 小時後消失。Instagram 推出「限時動態」的第一年，就為平台增添了兩億名用戶，亦即 160％的成長（Kastrenakes 2017）。

我們也看到全球 TED 演講現象的迅速崛起。TED 演講的成功，大多歸因於新時代的免費說故事模式，以及能在網路上輕易取得。一項研究分析 500 個最熱門的 TED 演講，發現故事至少占演講內容的 65％（Gallo 2014）。隨著虛擬實境變成主流，現代的說故事模式也將進一步轉變，大家將能夠完全沉浸在敘事中，成為完全的參與者。

除了日常吸收的媒體資訊以外，我們與同事、同學、朋友、家人的日常互動，也是以故事為中心。一整天上班下來，你可能在會議上或開會以外的空檔，向同事講述不同的經歷。有趣的是，我們

65％的日常對話是由社會話題或八卦所組成，本質上那是關於人的故事（Dunbar 2004）。你下班回家後，和配偶、孩子、朋友互動時，仍持續說故事。例如，如果你是家長，知道孩子在學校過得不順利，你可能會分享自己求學時期的類似經歷來安慰孩子。

一整天講述故事及聆聽故事之後，渴望吸收故事的大腦依然尚未滿足。每晚我們就寢後，大腦會以作夢的方式，召喚新的冒險來滿足我們對故事的需求，而且每晚至少會發生 4 至 6 次（Schneider and Domhoff 20）。即使隔天醒來以後（如果前一晚追劇太久，你可能是半醒著），我們也常做白日夢，那主要是對我們遇到的平凡與重要的事情，所產生的幻想。比如，上班途中，你可能想像，如果你也有類似前面那個傢伙開的豪華轎車，那是什麼感覺。或者，在當天的第一場會議上，你可能想像，如果你站出來反駁某個好鬥的同事，那會怎樣。據估計，每個白日夢的時間約 14 秒，而我們每天做 2,000 個白日夢，那幾乎占了每天的三分之一（Gottschall 2012）。

人類大腦先天就愛聽故事。除非你是向機器人統治者陳述見解（希望將來不是那樣），否則受眾先天就愛聽故事。如果你想更有效地傳達見解，學習如何善用說故事的力量非常重要。

一場統計數據贏不了的比賽

> 說故事是向世界傳達想法的最有效方法。
>
> ——編劇專家兼作家羅伯特‧麥基（Robert McKee）

儘管我們先天愛聽故事，但偏好分析的個人與組織可能很難了解，故事為什麼會比統計數據更有說服力。大家往往覺得事實是鐵證又客觀，故事通常柔性又主觀。左腦型的人可能在無意間輕視故事，覺得說故事只是種創意發揮，是右腦型的人愛做的事，因此低估了故事對我們的影響。事實上，故事的影響力是數字無法比擬的。把資料統計數據和故事拿來比較，甚至不是一場公平的比賽，因為比賽一開場，統計數據就輸了。

　　證據一再顯示，說故事是強大的傳遞機制。相較於單純的事實，說故事可以用更令人難忘、更有說服力的方式，來分享見解與想法。史丹佛大學教授及《創意黏力學》（*Make to Stick*）合著者丹・希思（Chip Heath）在他開的溝通課程中，經常強調故事比統計數據更令人難忘。他的課程裡有個練習：他把全班分成 6 到 8 名學生一組，提供每組許多犯罪資料。接著，他讓每位學生向自己的組員發表 1 分鐘的演講，以說服大家相信為什麼非暴力犯罪是（或不是）嚴重的問題。每個學生向小組說明論點後，其他的學生再針對他的表現打分數。接著，他請學生看一小段影片，學生以為課堂活動結束了。

　　但接著，希思教授突然要求學生，寫下他們從每場演講中記住的資訊。儘管距離剛剛演講還不到 10 分鐘，但學生往往很難想起剛剛聽到的資訊，有些人甚至完全忘了不久前聽到的演講內容。

　　在平均 1 分鐘的演講中，一般學生平均使用 2.5 個統計數據，只有十分之一的學生說故事，這是有關「演講」的統計資料。另一

方面，關於「記憶」的統計數據，幾乎都有個共通點：他要求學生回想演講內容時，63％的人記得故事，僅5％的人記得個別的統計數據（Heath and Heath 2008）。

　　不管同學給演講者打的分數有多高，擅長演講者所傳達的想法並沒有比較容易記住。評審當下喜歡聽擅長演講的人講話，但演講內容中如果沒有故事，大家聽過就忘了。即使統計數據是演講內容的關鍵要素，但數據不像故事那般令人難忘。

　　你想推動某些行為或行動時，故事的效果也證實比統計數據更有說服力。2004年，卡內基美隆大學（Carnegie Mellon University）的研究人員做了一項實驗。在實驗中，參試者只要完成調查，就可獲得5張1美元的鈔票，同時得到一本慈善機構「救助兒童會」（Save the Children）的小冊子（那是關懷全球兒童福祉的機構）。研究人員請參試者閱讀那本小冊子，願意的話，可以利用裡面的信封樂捐。那本小冊子有兩種版本。一版裡面充滿了統計數據，講述許多非洲國家的人民受到糧食短缺與乾旱的影響。例如，它寫道尚比亞因降雨嚴重不足，導致玉米產量縮減42％，造成300萬名尚比亞人糧食不足。另一版是採用說故事的方法，提到非洲馬利的7歲女孩洛淇雅的艱難處境，她家極其貧窮，陷入飢荒。

　　研究顯示，拿到統計數據版本的參試者平均捐了1.14美元；拿到故事版本的參試者平均捐了2.38美元，是前者的兩倍多。研究人員發現，大家對明確受害者的反應比統計數據更好。講述一個有代表性但虛構的馬利女孩，比提及非洲數百萬名受苦者的統計數

據讓人更有共鳴。這項研究顯示，一個簡單的故事如何與受眾產生情感連結，而且遠比一堆統計數字更有說服力（Heath and Heath 2008）。

雖然從記憶與說服力的角度來看，故事明顯優於統計數據，但事實與軼事之間其實沒什麼衝突，甚至事實與其他事實之間也沒什麼衝突。真正的衝突是發生在**故事與故事之間**，也就是既有的論述對上新來的挑戰者。人類身為說故事的生物，常利用敘事來幫我們了解周遭的世界。當我們經歷不同的事件，或遇到各種事實，大腦會以說故事的方式來理解那些事情。例如，某所大學的畢業生曾讓你產生不愉快的經驗，你可能在腦中對那所學校的畢業生，產生負面印象。突然間，你只根據幾次不幸場合所經歷的事情，來評斷那所大學的每個人。有時，這種內在敘事不僅塑造我們的想法與意見，也深深影響我們的身分。比方說，你對槍支管制或氣候變遷等議題所形成的敘事，可能呼應你的政治意識型態（你的身分）。

你的見解之所以會遇到阻力，是因為你分享的新資訊質疑或擾亂了受眾大腦中的既有故事。你無法輕易以更好的新事實，去取代過時或錯誤的事實。你打破關鍵事實時，也可能同時破壞了它裡裡外外的敘事。誠如《不會講故事，怎麼帶團隊》（*Putting Stories to Work*）的作者肖恩‧卡拉漢（Shawn Callahan）所說的：「你無法以事實打敗故事，只能用更好的故事去打敗它」（Callahan 2016）。在下一章中，我將更深入探討這個主題，但現在你只需要知道，你引進一組新事實時，也需要考慮伴隨的新敘事。了解受眾目前對某個議題所抱持的看法（亦即現有的敘事），可以指引你該如何定位你

的新見解。《說故事的力量》（*The Story Factor*）作者安奈特・西蒙斯（Annette Simmons）指出：「阻力的背後總是有故事。了解你的新想法所面臨的阻力背後，有什麼獨特的故事，可以幫你以更有吸引力的新故事，取代那個舊故事」（Simmons 2006）。

比方說，某家跨國公司的新任高階主管必須面對誤導性的敘事，那個敘事阻礙了日本電商部門的發展。他剛接掌那個營運困難的部門，他們的線上營收逐年下滑。他第一次與現有的團隊開會時，發現他們把營收下滑歸因於日圓和美元的匯率波動，那是團隊無法掌控的因素。在精明分析師的協助下，他確定匯差對下滑的線上業績幾乎沒有影響，也就是說，**現有的故事根本是迷思**。

有了這番新見解後，他開始破解錯誤的敘事，並提出**更好的敘事**：電商團隊並非無能為力，業績差不是受到匯率波動的影響，他們可以塑造自己的命運。不久，那個重振旗鼓的團隊找出改善電郵行銷的作法，使每週增加的營收超過 30 萬美元。如果不以更好的敘事來說明團隊面臨的狀況，後來的營收狀況根本不可能改善。與其把故事與統計數據視為兩種互相競爭的力量，更好的作法是想辦法結合兩者。最終，資料與故事相輔相成時，你的見解將有助於塑造更好的敘事，指引新的方向。

善用三要素，打造超說服的資料故事

也許故事只是有靈魂的資料。

——研究教授兼作家布芮尼・布朗（Brené Brown）

資料敘事巧妙結合了三種關鍵元素：資料、敘事、圖像。資料是每個資料故事的主要構成要件。這聽起來可能很簡單，但資料故事總是源自於資料（第 5 章會詳談這點），而且資料應作為敘事與圖像的基礎。圖 2.1 顯示這三個元素之間的獨特互補關係，它們各自以不同的方式講述資料故事。

解釋。敘事與資料結合起來，有助於向受眾解釋資料中發生了什麼事，以及為什麼某個見解很重要。這裡往往需要充分的背景資訊與注解，才能完全了解某個分析發現。敘事為資料增添了架構，引導受眾了解你分享的內容有什麼意義。

啟發。以圖像來表達資料時，可以啟發受眾，讓他們一眼就看出沒有圖表時，所看不出來的見解。沒有資料視覺化的幫助，資料中的許多有趣型態與異數會一直隱藏在資料表格中。人類先天是視覺動物，而圖像正是訴諸人類的視覺天性，並且能把知識更輕易地傳遞出去，那是只靠文字或數字無法做到的。

資料故事的三元素彼此互補

圖 2.1 在資料敘事中，資料、敘事、圖像這三個元素，以不同的方式互補。

參與。敘事與圖像結合時，可以吸引、甚至娛樂受眾。從小，我們的學習與娛樂大多是結合敘事與圖像，並以繪本及動畫的形式呈現。即使是成年後，全球每年的電影消費也高達數十億美元。我們透過電影沉浸在不同的生活、世界、冒險中。雖然先進的特效令我們興致勃勃，但真正吸引我們、帶我們神遊他方的是精彩的故事。

無論你是使用資料、敘事，還是圖像，每個元素本身都可以發揮強大的效果。你可以用發人深省的統計數據、引人注目的敘事、驚人的資料視覺化，來達到某種程度的功效。然而，唯有巧妙地結合資料故事中的資料、敘事、圖像，才能掌握這三種元素的獨特效益。一旦你把**恰當的**圖像、敘事、資料結合起來，就有足以發揮影響力及驅動改變的資料故事（見圖 2.2）。

有效的資料故事可以驅動改變

圖 2.2 當你把恰當的資料、敘事、圖像結合起來，就有足以驅動改變的資料故事。

本質上，資料敘事是一種說服形式，它使用資料、敘事、圖像，來幫受眾從新的角度看待事情，並說服他們採取行動。古希臘哲學家亞里斯多德在著作《修辭學》（*Rhetoric*）中，提到說服的三種關鍵模式為：以德服人、以理服人、以情服人，也就是所謂的「修辭三角」。不過，他也提到另兩種說服方式，你需要知道：

- **以德服人**（ethos）：訴諸信譽。
- **以理服人**（logos）：訴諸邏輯或道理。
- **以情服人**（pathos）：訴諸情感。
- **以旨服人**（telos）：訴諸目的。
- **以時服人**（kairos）：訴諸時機。

雖然有些溝通形式只採用上述說服方式中的少數幾種，但資料故事需要同時依賴這五種方式。如下頁的圖 2.3 顯示，資料故事呼應亞里斯多德的每種訴求，所以是效果最強大的溝通形式之一。

首先，從「以德服人」的角度來看，資料故事的成效，取決於你個人及資料的可信度。第二，由於你的資料故事是以事實和數字為基礎，「以理服人」是訊息的必備要件。第三，當你把資料編成令人信服的敘事，「以情服人」會讓你的訊息更有吸引力。第四，在訊息核心放入視覺化的見解，可以增加「以旨服人」的吸引力，因為它突顯出你溝通的焦點與目的。第五，當你在合適的時機對恰當的受眾分享相關的資料故事，你的訊息可能變成推動改變的強大催化劑。我相信亞里斯多德也會被資料敘事的說服力所打動。

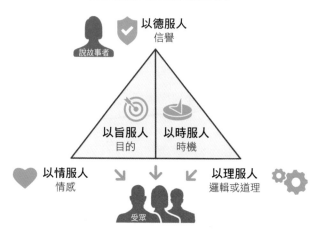

圖 2.3　如果我們擴大傳統的「修辭三角」，加入「以旨服人」與「以時服人」，就會看到這些說服方式如何匯集在一個資料故事中：從上方說故事者「以德服人」開始，往下移動到「以情服人」（敘事）與「以理服人」（資料）。

以資料故事敲響行動鐘

如果你想讓個人或群體在日常生活中接納某種價值觀，就講一個引人入勝的故事。

——說故事專家兼作家西蒙斯

幾年前，我與一家大型科技公司的 B2B 行銷部門合作時，意外地體驗到資料敘事的威力，以及資料敘事促成改變的潛力。每個月，身為外部顧問的我都會針對該公司的線上行銷網站與活動，準

備及提交分析報告。在檢討他們上個月的關鍵指標後，我會分享一些探索性分析的結果。由於我從未見過這個行銷團隊，我們的互動僅止於每月的電話交流，所以我很難判斷他們對我每個月分享的發現有多大的興趣。

某次做每月檢討時，我檢查他們網站上的一個網頁，那個網頁是把潛在客戶引導到電話客服中心，或去填寫線上表格。每次電話客服中心下班後，那個網頁就會把潛在客戶引導到那份線上表格。我按小時去分析那個頁面的流量，發現有不少獨立訪客在電話客服中心的下班時間連到那個網頁（見下頁的圖 2.4）。所以我根據那個簡單的資料故事，建議他們延長客服中心的上班時間，請業務員馬上接觸那些潛在客戶。

我分享這個見解後，並未接到這家客戶的任何反應。不過，幾週後，在某次通話中，行銷總監在通話結束前隨口提到，他們測試了我的提案（亦即延長客服中心的上班時間）。她說，他們做了簡短的測試，延長上班時間，但沒有看到明顯的效果，所以他們決定維持現有的客服上班時間。

電話結束後，我很驚訝他們真的落實了我的建議。身為組織的局外人，我竟然可以說服那麼大的公司改變作法，這實在非同小可。雖然我的見解並未幫公司帶來大量潛在客戶或營收，但確實促使他們做測試。而且，讓客服中心測試這個提案的成本並非微不足道。儘管我的建議並未幫這家公司帶來顯著的正面報酬，但它確實促成了改變（即使只是暫時的評估）。畢竟，見解所能提供的，只是**潛在的**價值。沒有人能保證，落實見解一定可以產生成效。不

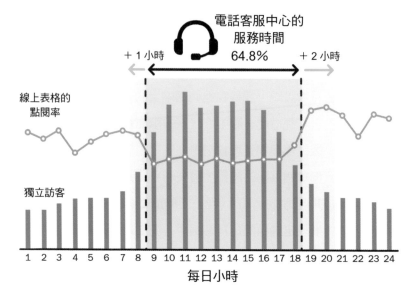

圖 2.4 資料圖顯示,科技公司只要延長電話客服中心的上班時間,就有機會透過電話業務員,把握住更多的潛在客戶。

過,讓組織去實驗及探索見解的潛力,可說是一大成就。即使該見解未能充分發揮潛力,你還是可以從行動中獲得額外的知識,那可能在未來促成相關的進步。

當你發現新見解,想與人分享,你的溝通有四個主要目標。在「大力槌」遊戲中,你以一根大槌敲擊控制桿,以敲響懸掛在塔頂的鐘,藉此證明你的力氣很大。同樣的,你傳達的訊息有多強,是看你能達到的溝通級別而定(見圖 2.5)。溝通的最初級,是指你的見解獲得受眾的**關注**。在步調明快的職場中,要引人關注新見解,

並確保那個見解獲得應有的重視，可能很難。職場上總是有很多雜訊掩蓋著重要的訊號。如果你的見解無法在有限的時機內抓住受眾的目光，其他的資訊與干擾會分散他們的注意力，導致你的見解毫無用武之地。

一旦你吸引了受眾的關注，你會希望受眾**了解**你的見解。畢竟，受眾可能注意到你的見解，但並不表示他們完全了解那是什麼意思。如果他們誤解了你分享的內容，恐怕會導致錯誤的決定與結果。但假如受眾覺得你的提議既具體又清晰，那表示你們有共同的理解（無論他們是否認同你的發現）。

你的資料溝通效果有多強？

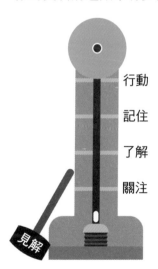

圖 2.5 你傳達見解的能力，可以用它對受眾的影響來衡量。而終極目標是促成行動，因為你的見解有機會創造價值。

在第三個層級，你希望受眾**記住**你的見解。我們收到的多數資訊是可理解的，但也很短暫，聽過即忘。很多資訊在我們的腦中僅停留片刻，就被當成無關緊要的資訊，拋諸腦後。你希望你的見解獲得足夠的共鳴，讓受眾記住。如果受眾跟別人分享你的見解，那表示他記住了。敘事可以幫你的見解在受眾的腦中扎根，不易遺忘。

　　最頂端的那個鐘，代表溝通的最高層級：讓受眾照你的見解採取**行動**。雖然有人了解及記住你的見解很好，但如果見解無法促成行動，就不會帶來任何價值。你的資料溝通必須有說服力，才能激勵他人行動。那需要巧妙地融合敘事與圖像，才能把見解推到最高層級。有效的資料故事會透過上述的四個層級，敲響最頂端的行動鐘。效果較差的溝通可能只升到前三級，但無法敲響行動鐘。事實有時難以記得又缺乏說服力，但是換成敘事以後，就很容易記住又有說服力。把證據與敘事融合起來，可說是再合理不過了。

　　然而，結合敘事與資料，不見得那麼簡單。在前述那個卡內基美隆大學的研究中，故事版的小冊子比統計版的效果更好，但研究人員也測試了兩版結合的效果。他們想知道，結合充滿感情的故事與理性的證據，會不會因為資訊更豐富，而使效果變得更好。這個合併版的效果確實優於統計版（平均捐款 1.43 美元 vs. 1.14 美元），但不如純故事版（平均捐款 2.38 美元）。

　　根據這個結果，有些人可能會質疑，如果光靠敘事的效果最好，那還需要構思資料故事嗎？不過，最有效的方法不是直接把一堆統計數據和故事湊在一起，而是**把這兩個元素編成連貫的資料故**

事。雖然光靠敘事，就可以對你的見解產生正面的月暈效應（halo effect）。❶然而，敘事與統計數據越融合，它們合起來的效果反而越強大。在第 6 章中，你將學習如何為你的關鍵見解打造敘事結構，並激勵受眾採取行動。

記憶、說服力與最強大的感官

> 故事可以改變人，統計數據則讓人有據理力爭的依據。
> ——作家兼外科醫生伯尼·西格爾（Bernie Siegel）

　　在適當時機出現的恰當事實，可能會引起你的注意，但是對其他人來說，吸引力或許沒那麼大。資料本身通常沒有力量，跟雜訊沒什麼差別，更遑論促成行動。如果沒有恰當的背景資訊與解釋，資料很容易遭到誤解、遺忘或忽略。幸好，資料不必單獨存在，它可以依靠敘事與圖像的互補力，以令人信服又難忘的方式傳達訊息。

　　敘事與資料的結合，有助於把事實烙印在受眾的記憶中，並鼓勵他們採取行動。1969 年，史丹佛大學的研究人員做了一項實驗，測試敘事對記憶的影響。在測試中，他們要求兩組學生學習及記憶 12 組單字，每組單字包含 10 個隨機的名詞。對照組是採用死背及複誦的方式來幫助記憶，其餘的學生則要為每組單字編個有意義的

---

❶ 又稱「光環效應」，意指我們的判斷往往根據局部表徵，擴散成整體印象，產生以偏概全的認知。

故事。當他們要求學生回想那 12 組單字，敘事組記得的數量是對照組的**六到七倍**（Bower and Clark 1969）。史丹佛大學的教授認為，敘事的主題式架構有助於單字記憶。雖然這項研究是把焦點放在單字記憶上，但把重要數據放入結構良好的資料故事中，也能發揮類似的加強記憶效果。

比方說，律師經常面臨的挑戰是，從許多事實中拼湊出故事或敘事。1980 年代末期，科羅拉多大學的研究人員想探究，說故事如何影響陪審團對舉證的看法。他們的研究焦點是 1983 年發生的刑事案件，那起案件發生在波士頓的酒吧，酒客鬥毆演變成一名男子遭到刺死。大家爭論的關鍵是：那個矮個子的男人是為了自保，才刺傷那名個頭大、又充滿攻擊性的惡霸，還是蓄意殺人。

研究的參與者聽到雙方在實際的謀殺審判中所提出的證據時，63％的人認為那是蓄意殺人。然而，當檢察官以故事的形式提出同樣的證據，78％的人認為他有罪。但辯護律師以故事的形式提出證據時，僅 31 ％的人認為他有謀殺罪（見圖 2.6）（Pennington and Hastie 1988）。這場模擬審判顯示，資料與敘事的結合可以產生強大的說服力，能強化**支持**或**反對**被告的論點。最終，你希望敘事對你的見解是有益的。

我們才剛開始看到「資料」與「敘事」更頻繁地結合在一起，但我們經常看到「資料」與「圖像」的結合。儘管資料處理起來可能很複雜，分享資料也很麻煩。不過，資料以圖表形式呈現時，可以顯現見解的精髓或意義，那比單純的文字或口說形式更有效果。

事實上，為資料故事增添相關的圖像，是最有效的資訊傳達方

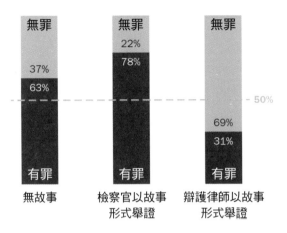

故事影響決策

| | 無故事 | 檢察官以故事形式舉證 | 辯護律師以故事形式舉證 |

圖 2.6　檢察官或辯護律師採用故事的形式舉證時,對模擬審判的判決有顯著的影響。

式。史丹佛大學的羅伯·霍恩教授(Robert E. Horn)指出,當圖像與文字緊密交融,就「有可能增加人類的『頻寬』,亦即提高吸收、理解、合成大量新資訊的能力」(Horn 2001)。由此可見,資料視覺化在分享資料見解及塑造資料故事方面,扮演非常重要的角色。

　　人類最強大的感官是視覺。據估計,50%以上的大腦是用來處理視覺刺激,這個比例超過處理其他四個感官的總和(Hagen 2012)。早在 1894 年,柯克派翠克教授(E.A. Kirkpatrick)就做過實驗:讓學生看 10 種常見的東西(例如鳥、門、鉛筆),3 天後再請他們回想那些東西,他們記得的數量(平均 6.35 件),多於只讀

到或聽到那些東西的名稱（平均分別記得 2.23 件、1.25 件）（Kirkpatrick 1894）。柯克派翠克在《心理學評論》（*Psychological Review*）的第一卷上發表他的研究發現後，多位研究人員後來也證實了**圖優效應**（picture superiority effect），亦即圖像比文字更容易記住。例如，1970 年，羅徹斯特大學的研究人員研究參試者對圖片的記憶。他們讓參試者看 2,500 多張圖片，每張看 5 到 10 秒。3 天後，參試者還記得 90 ％以上的圖片（Standing, Conezio, and Haber 1970）。

雖然圖片證實比文字更難忘，但圖像的好處不只是比較好記及更好辨識而已。1996 年，密西根州立大學的研究人員研究圖片對醫療溝通的影響。研究人員讓 400 位因撕裂傷而前往急診室的患者看傷口護理指南，有的患者看全文字的說明，有的看圖解說明。他們發現，圖解說明在很多方面都優於文字說明。如圖 2.7 所示，拿到圖解說明的患者比較可能閱讀說明（98％ vs. 79％），比較可能理解說明的內容（46％ vs. 6％），也比較可能照著傷口護理的建議採取行動（77 ％ vs. 54 ％）。此外，對高中以下學歷的患者（24％）來說，使用圖解說明與文字說明的差距更大（Delp and Jones 1996）。

圖像除了吸引關注及幫助理解以外，也有說服力。雖然在資料視覺化的說服力方面，研究依然有限，但最近有兩項研究顯示它們的潛在影響。2014 年，紐約大學的研究人員做實驗，以評估人們對監禁、企業所得稅、電玩等三個主題的態度。他們使用李克特量表（Likert scale）❷ 來判斷每個人在接觸額外資訊（以資料表或資

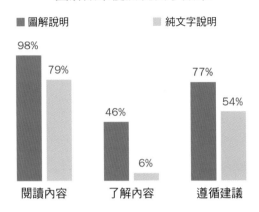

圖解效果優於純文字效果

■ 圖解說明　　　　　■ 純文字說明

| 閱讀內容 | 了解內容 | 遵循建議 |

98%　79%　　46%　6%　　77%　54%

圖 2.7　在各大面向上，圖解說明都優於純文字說明。

料圖呈現）之前與之後，對不同主題的特定立場的認同程度。結果
發現，一個人還沒有強烈的反對意見時，資料圖表很有說服力。例
如，如果你對監禁能否降低犯罪率的立場中立或沒意見，你比那些
有強烈反對意見的人，更容易被顯示「大規模監禁無法降低犯罪
率」的資料圖說服。研究顯示，資料圖通常比資料表的說服力稍多
一些（多 8 ％）（Pandey, Manivannan, Nov, Satterthwaite, and Bertini
2014）。

　　2014 年，康乃爾大學的研究人員做了另一項研究，測試無關
緊要的圖表，對資訊說服力的影響。在實驗中，他們測試參試者接
受一項科學說法的程度。那項說法宣稱，有種人造藥物可以增強免

---

❷ 為心理測量量表，通常用於問卷設計，主要測量參試者對於陳述內容的同意或不同
　意程度。

疫力,大幅降低感冒的機率。甲版本是只用文字分享資訊,乙版本則是同時提供文字與圖表。結果顯示,增添圖表大幅提高了說服力。97％看到圖表的人認為那種藥有效,看純文字版的人僅68％覺得有效(43％的差異)(Tal and Wansink 2016)。雖然上述不同的實證研究突顯出敘事與圖像的影響,但我想分享一個實例,該例子顯示敘事與圖像可以促成行動,而那是光提出事實所辦不到的。

拯救生命的資料故事

2014年底,加州爆發嚴重的麻疹疫情,源頭追溯到12月某4天曾到迪士尼樂園遊玩的人。迪士尼的麻疹感染源導致125個麻疹病例,其中有110例位於加州。這裡面有49位加州人沒有接種麻疹疫苗,其中28人是因為個人反對疫苗,所以才沒有接種(CDC 2015)。然而,麻疹的傳染力極強,一名感染麻疹的人進入房間後,裡面若有10人未接種疫苗,其中9人會立即感染病毒。任何人在接下來的兩小時內進入同一房間,也可能感染病毒(University of Pittsburgh 2015)。幸好,麻疹、腮腺炎、德國麻疹(MMR)混合疫苗在預防感染方面非常有效,但只有在免疫比例很高的情況下,MMR疫苗才能阻止病毒傳播給未獲保護的人(如嬰兒和其他免疫系統受損的人)。

2015年,兒科醫生兼加州參議員潘君達(Richard Pan)提出參議院第277號法案,他需要想辦法說服其他的議員相信強制接種疫苗的必要性。潘君達在匹茲堡大學就讀醫學院時,親身體會過

1991 年費城爆發麻疹疫情的慘烈情況。那次疫情爆發導致 900 人感染，9 名兒童死亡（Bay Area News Group 2017）。不過，這次他面臨兩大挑戰，首先，許多人難以完全理解群體免疫及指數成長的抽象概念。第二，一些參議員擔心，把接種疫苗列為就讀公立學校的先決條件，會限制學童接受教育的機會。大家往往覺得讓一些人基於個人理念或宗教信仰，而選擇不接種疫苗沒什麼關係，那只是對個人權利的微小讓步。

然而，麻疹疫苗的接種率需要達到 92％至 95％，才能達到群體免疫。潘君達為了證明「不達到群體免疫的潛在危險」而深入研究，後來發現名為 FRED Measles 的疫情爆發模擬器。這個工具是他的母校匹茲堡大學開發出來的，目的是以圖像來顯示疫情爆發的傳播情況。有了這個新的建模工具，他可以用圖像向其他參議員展示，如果 20％的學生沒接種疫苗，疫情會如何迅速爆發（見下頁的圖 2.8）。當時擔任州參議員的馬蒂・布洛克（Marty Block）原本對該法案抱持懷疑的態度，但是他看到選區的麻疹爆發模擬圖後，隨即意識到該法案對保護該州的大眾健康非常重要。他表示：

如果大家明知自己可能受到傷害，依然決定置身險境，我雖然感到不安，但那可能是他們的權利。不過，我看模擬圖時，明顯看到他們是把別人置於險境，這讓我覺得政府立法規定非常重要（Hare 2017）。

儘管有令人信服的證據支持強制接種疫苗的必要性，但該法案

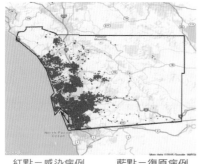

| 加州聖地牙哥郡的
麻疹疫苗覆蓋率＝80％
238 天 | 加州聖地牙哥郡的
麻疹疫苗覆蓋率＝95％
238 天 |

紅點＝感染病例　　藍點＝復原病例　　　紅點＝感染病例　　藍點＝復原病例

圖 2.8 FRED Measles 模擬系統顯示，一個麻疹病例在疫苗接種率僅80％的郡爆發時，疫情將呈現指數級的擴散。

資料來源：匹茲堡大學公衛動態實驗室。

遭到反疫苗者的強烈反對，甚至導致潘君達和共同提案的參議員班・艾倫（Ben Allen）面臨死亡威脅。所幸，2015 年 6 月，潘君達的參議院第 277 號法案正式立法通過，加州幼稚園的疫苗接種率在2016 年提升到 96％，是 2001 年以來的最高水準。在 FRED Measles工具的幫助下，潘君達與其他的疫苗宣導者能夠為 MMR 疫苗接種的重要性，以及未達群體免疫會發生什麼情況，建構出資料故事。

　　誠如不同的實證研究與上述的真實案例所示，敘事與圖像可以有效幫你促進見解的溝通。沒錯，把見解塑造成資料故事需要投入心血，但潛在的效益值得你的投資。事實上，如果你的受眾最初懷疑你提出的事實與數字，改用資料故事可能是你向他們傳達見解的

唯一有效方法。資料故事讓你的見解更有機會獲得**關注、理解**、被**記住**，進而促成**行動**。換言之，有效的資料故事可以充分發揮見解的潛力，激勵他人採取行動及推動變革。任何人發現有意義的見解時，都可以那樣做，尤其那個見解可以拯救生命的時候。

Chapter **3**

資料故事心理學

我們非常需要搞懂觸動人心的關鍵。故事不僅讓我們有機會做這樣
的練習,也讓我們洞悉自己的行為心理。

——故事分析師兼作家麗莎・克隆(Lisa Cron)

　　如果你經常處理資料,可能難以理解為什麼光有扎實的證據
(沒有敘事),難以令人信服。當我們對自己的發現深信不疑,我
們會說「事實不言自明」。換句話說,假如大家像我們一樣接觸到
同樣的數字,他們也會得到相同的啟發。在這些情況下,我們期望
理性的人了解自己有理有據的見解是完善的,並得出同樣的結論,
而且也有動力去採取合理的行動。然而,我們往往失望地發現,事
與願違。在傳遞個人見解時,有些東西不知怎的,在過程中消失
了。而受眾無法領會我們的發現有多重要時,我們不禁納悶,既然
數字看起來那麼清晰有力,為什麼會發生這種事。

　　比方說,在產科領域提出拯救生命的重大發現的匈牙利醫生伊
格納茲・塞麥爾維斯(Ignaz Semmelweis),就陷入了上述困境。

1846 年，塞麥爾維斯在維也納的大型產科醫院，擔任產科教授的助教。這家醫院有兩個診所，專門培訓醫生與助產士。當時那裡就像世界各地的醫院一樣，有許多產婦死於名為「產褥熱」的神祕疾病。健康的孕婦突然生病，並在產後一兩天內死亡。

圖 3.1　塞麥爾維斯（1818-1865）
資料來源：https://commons.wikimedia.org/wiki/File:Ignaz_Semmelweis_1860.jpg，公版照片。

　　塞麥爾維斯運用他受過的統計訓練（見下頁的圖 3.2），發現了驚人的現象：在那家醫院裡，醫生診所的平均死亡率是 9.9％，明顯高於助產士診所的 3.9％。他開始納悶，為什麼這兩個診所的差異如此明顯，並決心找出原因。當時，還沒有細菌或感染的概念，所以醫護人員想過幾種可能的原因，例如空氣不好（瘴氣）、過於

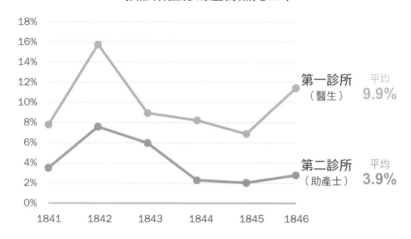

按診所區分的產褥熱死亡率

第一診所（醫生）　平均 9.9%

第二診所（助產士）　平均 3.9%

圖 3.2 塞麥爾維斯發現，從 1841 年到 1846 年，實習醫生診所（第一診所）的產褥熱死亡率，是助產士診所（第二診所）的兩倍多。

擁擠、溫度太低、運送方式，但是這些臆測都無濟於事。

　　後來，一場悲劇為這個謎團帶來了意想不到的突破，也讓塞麥爾維斯對第一診所的高死亡率感到焦慮不安。塞麥爾維斯很欣賞一位亦師亦友的醫生，那位醫生進行屍檢時，不慎被學生的手術刀戳到，不久就過世了。塞麥爾維斯強忍悲痛為這位醫生進行屍檢時，注意到他的病狀與死於產褥熱的婦女很相似。這個意外發現讓他開始形成假設。

　　在那家維也納醫院裡，實習醫生通常是在早上進行屍檢，接著就到第一診所照顧病人，因此雙手並未做適當的消毒。另一方面，助產士不需要做屍檢，也不常接觸屍體。塞麥爾維斯因此假設，醫

生把屍體上某種有毒的物質，轉移到第一診所的病人身上。而他發現，漂白粉的溶液可以去除醫生手上殘留的屍檢組織腐臭味，並認為那是去除那些致命汙染物的理想方法。

塞麥爾維斯在朋友過世兩個月後，提出了新的洗手政策，要求醫生在屍檢後用漂白液洗手。他剛推出新政策時，醫生診所的月死亡率是 12.2%（見圖 3.3）。新政策推出後，立刻出現立竿見影的效果，死亡率降至 2.2%（下降了 82%）。死亡率顯著下降幾個月後，他仍發現一些實習醫生沒有遵守政策。而在對那些疏忽大意的醫生實施更嚴格的管控後，塞麥爾維斯又把死亡率降得更低了，有兩個月完全沒有產婦死於產褥熱。

塞麥爾維斯無法以科學證明為什麼洗手政策有效，這要等1860 年代中期，法國化學家路易‧巴斯德（Louis Pasteur）發現疾

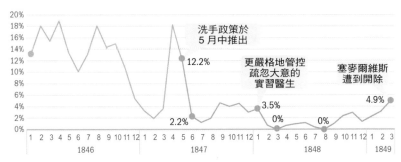

圖 3.3　推出洗手政策後，第一診所的產褥熱死亡率，由 12.2% 降為 2.2%（下降 82%）。在 1848 年 3 月與 8 月，塞麥爾維斯把死亡率降為 0%。但於 1849 年 3 月，他不幸遭到開除。

病的細菌理論後，才會真相大白。當時他只有超過 18 個月的統計數據可以顯示洗手法確實有效，以及這樣做可以挽救數千名產婦的生命。他發現了一個有關產褥熱的重要事實，但這樣就夠了嗎？

塞麥爾維斯相信他為產科找到了重大突破，並「預期他不需要再做進一步的努力，大家就會接受這個事實及其研究的重要性」（Semmelweis 1861）。基本上，他認為事實應該不言自明，所以他讓那些實習醫生與同仁自己去分享這個醫學新知。然而，醫學界不僅沒有讚揚他的寶貴發現並採用他的方法，還批評、嘲笑、抵制他的見解。沒有醫生認同他發現產褥熱的唯一肇因。對他們來說，他的發現只是 30 種可能導致那個疾病的原因之一。更重要的是，其他醫生無法接受他們的手就是產婦死亡的主要預兆，也不相信更好的衛生可以拯救生命。

法國著名哲學家伏爾泰曾說：「面對權威當局誤解的事情，提出正確的主張是危險的。」塞麥爾維斯為他推行的非傳統觀念（洗手），付出了高昂的代價。1849 年，他在產科病房的職位得不到續聘，也無法在維也納獲得類似的職位。心灰意冷的他回到布達佩斯，靜靜地等待洗手法普及起來。苦等十幾年後，他於 1861 年出版自己畢生的研究成果，書名是《產褥熱的病因學、概念與預防》（*The Etiology, Concept, and Prophylaxis of Childbed Fever*）。在這本長達 500 頁的書中，一半內容是產褥熱的研究，另一半內容則怒駁許多批評者的論點。不幸的是，他的著作在歐洲各地的醫學會議與醫學出版物上，遭到駁斥及公開抨擊。為了回應那些負評，他寫信給歐洲知名的產科醫生，譴責他們是不負責任的殺人犯又無知。

他的救命見解普遍遭到否定，那對他產生很大的影響，更因此陷入某種精神崩潰狀態，並於 1865 年被送進精神病院。兩週後，他因精神病院的警衛所造成的傷口感染，不幸過世，得年 47 歲。

塞麥爾維斯的資料符合三個關鍵的標準：他的見解是**真實、有價值、可採取行動的（實用的）**。從**真實**的角度來看，雖然他沒有發現讓產婦感染產褥熱的真正病毒，但他確實提出預防方案，並以可靠的資料來佐證其效果。從**價值**的觀點來看，如果他的洗手法獲得廣泛的採用，原本可以挽救無數因產科醫生的髒手而枉死的婦女，不僅在奧地利，而是整個歐洲與全世界皆如此。最後，從**可行動**的角度來看，醫院只需要落實一個簡單、低成本的流程，就可以消除產褥熱的致命詛咒。

儘管有「以理服人」的有力依據（根據上一章的亞里斯多德模型），塞麥爾維斯的發現還是無法單獨成立。那還不足以說服頑固的醫學界，改變傳統作法或承認錯誤。他說：「我相信時間會證明真相。」偏偏他沒有足夠的時間，無法在有生之年看到洗手法獲得採用。塞麥爾維斯被自己的統計數據所吸引，而在他需要與他人溝通救命見解時，卻頻頻碰壁。但是，如果他更了解大家是如何處理事實與資料，他可能會採取不同的方法來分享見解。這樣一來，如今大家會記得他的成就，而不是他可能取得的成就。

儘管這個資料悲劇發生在 150 多年前，但塞麥爾維斯在人性方面所面臨的挑戰，至今依然存在。本章將讓你更清楚地了解，如何借助資料敘事之力，以自身的見解引導受眾的思維。

瓦肯人、情感與決策

據說人是理性的動物，但我一輩子都在尋找支持這個論點的證
據。

——哲學家伯特蘭・羅素（Bertrand Russell）

分析型的人常陷入一種陷阱，他們以為決策主要是由邏輯與理
性決定的。投身資料領域 20 多年來，我很熟悉這種陷阱。我曾誤
以為，只要我能直接提出某人欠缺的關鍵資料或事實，他就能做出
合理的決定。我的觀點反映了常見的誤解：資訊不足模式
（information deficit model），也就是說，受眾缺乏充分理解問題的
資訊。塞麥爾維斯也是抱著這種錯誤的期望，他覺得他那種非傳統
的洗手法有不錯的結果，醫界同行應該會欣然接受他的主張（畢竟
他們都受過良好教育，有科學思維）。當他發現他們根本不接受，
他很震驚。在這種情況下，重點其實不是大家想**什麼**，而是他們**怎
麼**想。即使是善於分析的受眾，也會受到另一種強大的「情感」力
量影響，而衍生意想不到的結果。

說到決定，我們往往鄙視情感，覺得情感只會蒙蔽判斷，導致
我們做出魯莽或不明智的決定。我們分享見解時，不希望它們受到
情感陷阱的影響，所以我們常採取超然、不帶情感的態度，因為我
們想「就事論事」，就像熱門科幻影集與系列電影《星艦迷航記》
（*Star Trek*）中的史巴克先生一樣。如果你不熟悉《星艦迷航記》
的宇宙，史巴克是「企業號」星艦的科學長兼副指揮官。他有一半

的瓦肯人血統，所以他努力壓抑情緒，力行瓦肯人嚴格的邏輯與理性生活。

每次企業號的成員面臨新的威脅或危機時，史巴克會向指揮官寇克提出冷靜分析的報告，評估當下的局勢及成員的戰術選擇。雖然寇克很重視史巴克所說的事實與可能性，但他也會向脾氣暴躁的醫療長麥考伊醫生（暱稱「老骨頭」），徵詢情感面的意見。艦長做決定時，無可避免是靠直覺來綜合分析這兩種觀點（見圖 3.4）。儘管分析型的人喜歡假裝情緒是可以自制或從決策中排除的，但情感總是存在，而且會在決策過程中產生很大的影響。

南加大教授兼神經學家安東尼歐‧達馬吉歐（António Damásio）在情感影響決策方面，發現了突破性的重點。有些患者外表看似正常，但大腦中處理情感的區域（前額葉皮質）受創，他發現這種人難以從幾個選項中做出基本的決定。對這些沒有情感的人來說，決

決策中的兩個關鍵因素

圖 3.4　就像《星艦迷航記》裡的史巴克一樣，我們可能想相信決策應該只根據邏輯與理性。不過，情感對決策的影響，比我們願意承認的還大。

定去哪裡吃飯或選定約會時間，變成很冗長的成本效益分析。簡言之，他們很像現實生活中的瓦肯人。

例如，選擇去哪家餐廳吃飯時，該病患會反覆考慮多種因素，例如菜單的選擇性、等候時間、停車方便性、服務態度等。只是簡單挑個午餐地點，沒想到卻要花 30 分鐘或更長的時間，才能決定（Damásio 2009）。達馬吉歐發現，情感其實有助於推理流程。在幫大腦評估選擇與及時做決定方面，情感都扮演重要的角色。關於情感與決定，他提出以下的看法：「感性不只是理性背後的神祕面，它也幫我們做決定，我對這個事實一直很感興趣」（Damásio 2009）。

資料科學不是第一個低估「情感左右決策流程」的分析學科。幾世紀以來，經濟學的理論一直是以一個原則為基礎：個人是根據哪個選項能為自己帶來最大的效用或利益，做**理性**的決定。直到 1960 年代末期，康納曼（Daniel Kahneman）與特沃斯基（Amos Tversky）等心理學家才開始質疑人們是否總是做出理性的選擇。他們的研究顯示，捷思（思維捷徑）與認知偏誤如何影響決策，導致容易犯錯的個體不見得做出理性、或對自己最有利的行為。他們的研究因此催生了行為經濟學。

榮獲諾貝爾獎的康納曼在暢銷書《快思慢想》（*Thinking, Fast and Slow*）中，分享人類大腦如何處理資訊。他推廣的理論是：人類思維由兩種認知子系統組成（見圖 3.5）。**系統**一是快速、直覺、情感、自動、潛意識的，就像某種**自動導航**系統，使用捷思或思維捷徑來做迅速、但有時粗略的解讀，然後再傳遞給下一個系統。**系**

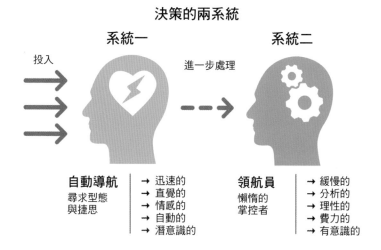

決策的兩系統

系統一　　　　　　　系統二

投入　　　　　　　進一步處理

自動導航　→ 迅速的　　領航員　　→ 緩慢的
尋求型態　→ 直覺的　　懶惰的　　→ 分析的
與捷思　　→ 情感的　　掌控者　　→ 理性的
　　　　　→ 自動的　　　　　　　→ 費力的
　　　　　→ 潛意識的　　　　　　→ 有意識的

圖 3.5　康納曼推廣了一個概念：人類的大腦中，有兩個子系統一起處理資訊。

統二是緩慢、分析、理性、費力、有意識的。它是**領航員**，追蹤與評估來自系統一的資訊品質，必要時它會更徹底地評估。雖然大家往往覺得系統二是主宰決策的領航員，但它其實是懶惰的掌控者。系統二不想花太多的心力，而是依賴系統一提供感覺與印象，那些感覺與印象變成了明確信念與選擇的來源。最終，康納曼認為系統一（比較有感情、直觀的系統），才是認知系統的主秀。

　　由於系統一掌管直覺判斷，我們常低估它對決策的影響。康納曼設計了簡單的謎題來說明系統一如何影響大腦處理資訊。你不必思考怎麼解題，而是注意你的直覺反應：

一根球棒與一顆球的總價是 1.10 美元。

球棒比球貴 1 美元。

請問這顆球多少錢？

多數人會直覺認為這顆球是 0.1 美元。雖然我們很容易想到這個答案，但這是錯的。如果球的價格是 0.1 美元，球棒比球貴 1 美元（亦即價格 1.10 美元），兩者的總和是 1.20 美元，而不是 1.10 美元。如果你能算出 0.05 美元這個正確答案，那表示你是少數人，能夠抵抗系統一建議的直覺反應。康納曼對哈佛大學、麻省理工學院、普林斯頓大學的學生，提出這個球棒與球的謎題時，他發現 50％以上的學生認為，球的價格是 0.1 美元。在其他沒那麼有名的大學中，80％以上的學生得出那個錯誤結論（Kahneman 2011）。這個簡單的謎題顯示，由於我們依賴系統一，系統性錯誤可能進入我們的思維流程。雖然它是不完美的系統，偶爾會造成認知偏誤，但它對我們能否迅速處理大量資訊非常重要。

系統一的獨到特色之一，是它擅長把零散的資訊編成故事，以賦予它們意義。為了說明大腦可以多快把有限的資訊量編成敘事，請花點時間分別思考底下的每句文字：

1. For sale: Baby shoes, never worn.（出售：嬰兒鞋，沒穿過。）

2. our bedroom. TWO voices. I knock.（我們的臥室，兩個聲音，我敲門。）

3. Paramedics finished her text, ". . . love you"（醫護員幫她完成

簡訊:「……愛你。」)

以上的每一句,都是「六字故事」的例子。據傳有人向美國知名的小說家海明威下戰帖,看他有沒有辦法用六個英文單字說一個故事,所以他寫出第一個例子(但這個傳聞是假的)。有趣的是,上述每個句子其實都不算故事,是我們的大腦把那些短句轉化成故事,自動腦補了缺失的部分。從那短短的六個英文單字,一個粗略的敘事浮現在我們腦中,裡面包含了背景、場景、情節、角色,整個處理流程都是在無意間發生的。

同樣的,在日常生活中,系統一會尋找因果關係來解釋我們周遭發生的事情,即使因果根本不存在。直覺思維最關注的是,把它接收到的不同資料片段,組成統一、連貫的故事。康納曼透過研究發現:

衡量系統一的效果,是看它設法創造出來的故事有多少連貫性。故事所根據的資料量與質,大致上無關緊要。資訊匱乏時(這是常見的情況),系統一的運作就像一台迅速得出結論的機器(Kahneman 2011)。

心理學家弗里茨・海德(Fritz Heider)與瑪麗安・西梅爾(Marianne Simmel)在 1944 年的重要研究中,顯現人性亟欲塑造連貫敘事的執念(Heider and Simmel 1944)。他們找 34 名學生來看一支動畫短片(見下頁的圖 3.6),接著請學生描述短片的內容。

海德與西梅爾短片中的幾何形狀

圖 3.6　上面的三個場景，代表心理學家海德與西梅爾、在 1944 年的動畫短片實驗中的不同時刻。除了一名參試者以外，所有的參試者在看完短片後，都用敘事描述了三個物體的運動。

短片是由三個幾何形狀組成：大三角形、小三角形與小圓形。它們以不同的速度和方向，在一個矩形的旁邊移動。除了一名參試者以外，每位參試者都把這支短片描述成故事，並把那些幾何物體擬人化，賦予它們類似人類的情感、性格、動機，以說明它們的動作。例如，大三角形霸凌及追逐小三角形與小圓形。系統一試圖理解不同的事件時，會想辦法把一切編成井然有序又合理的敘事。

　　而且，不正確或遺漏的資訊，並不會妨礙大腦想要立刻做出結論，及編出連貫敘事的意圖。1994 年，心理學家霍林‧詹森（Hollyn Johnson）與柯琳‧塞弗特（Colleen Seifert）做了一個實驗。實驗中，他們提供參試者連串的訊息，那些訊息都是描述一場倉庫火災（Johnson and Seifert 1994）。其中有則訊息說，壁櫥附近發生了電線短路，據悉壁櫥裡有油漆罐、加壓氣瓶等揮發性物質。接著，又有訊息說，之前搞錯了，壁櫥其實是空的。後來他們詢問

參試者幾個有關火災的問題時，多數的參試者推斷火災起因是倉庫主人的疏失，因為裡面有揮發性物質。儘管後來已經澄清那些物質根本不存在（見圖 3.7）。在沒有更好的解釋下，參試者無意間以錯誤的資訊來編故事，以說明發生的事情。

倉庫火災場景 #1
（有錯誤資訊）

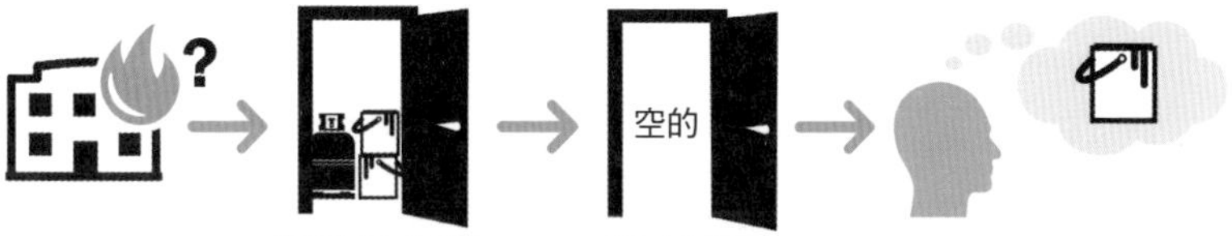

揮發性物質　　　訊息更正

圖 3.7　即使參試者被告知櫥櫃裡沒有揮發性物質，他們仍以之前的錯誤資訊來編造故事，以解釋倉庫火災。

　　在詹森與塞弗特的第二個實驗中，他們告訴參試者資訊有誤之後，又告訴參試者，在可疑位置發現沾滿汽油的布。後來，這組參試者被問到火災起因時，他們就不會提到揮發性物質那個錯誤資訊了（見下頁的圖 3.8）。他們有另一種因果關係可以編成新的敘事（是縱火，而不是疏忽），所以錯誤資訊就遭到淘汰。這個研究顯示，我們不該直接糾正事實，而是應該幫受眾以新的資料編出可信的故事。當關鍵資訊遭到忽略或否定，而原始敘述可提供更多的連貫性，一般人會回歸原始敘述。

倉庫火災場景 #2
（有錯誤資訊及其他原因）

揮發性物質　　　訊息更正　　　可疑物質

圖 3.8　其他原因（可疑物質）出現時，參試者就會拋棄錯誤資訊（揮發性物質）。

　　我們渴望找到因果關係，那是深植在 DNA 中的人性本色。研究人員發現，人類在 6 個月大時，就有能力把連串的事件看成因果情境（Leslie and Keeble 1987）。而抗拒這種情感化的敘事解讀傾向，等於是在對抗人性。情感是決策過程中不可避免、與生俱來的一部分，我們不能忽視或低估它。相反的，我們應該承認情感的存在，並善用情感來維繫人際關係，而不是想辦法移除或排擠情緒。回到《星艦迷航記》的類比，隨著時間經過，史巴克最終學會了平衡邏輯與情感，而我們的溝通也應該如此。

謬誤與真相

　　沒有事實，只有詮釋。

　　　　　　　　　　　　　　　　　　　——哲學家尼采

每個人因既有的知識與信念不同，對新資訊會產生不同的反應。一旦我們收到的新證據呼應現有的觀點，會減少懷疑，更接納資料。事實上，我們看到呼應現有觀點的資料時，多巴胺的分泌還可能激增（多巴胺是與獎勵及快樂系統有關的神經傳導物質）。但我們遇到事實質疑現有的信念或知識時，系統二就會介入，導致我們對新資料變得更挑剔、更懷疑。心理學家丹尼爾·吉爾伯特（Daniel Gilbert）舉一個例子說明，我們對資料的不同反應，取決於我們是否認同資料的內容。

　　浴室的磅秤顯示壞消息時，我們會先下來，再站上去一次，只是為了確定我們沒看錯數字，或對一隻腳施加太大的壓力。磅秤顯示好消息時，我們就微笑去洗澡了。當證據順著我們的意，我們欣然接受；但證據不如人意時，我們要求看更多的證據，我們隱約地讓磅秤偏向對自己有利的那邊（Gilbert 2006）。

　　1992 年，心理學家彼得·狄托（Peter Ditto）與大衛·羅培茲（David Lopez），以實驗來研究這種行為。在實驗中，他們告訴參與的學生，等一下要檢查唾液中是否有酶。如果有，試紙會從黃色變成綠色（Ditto and Lopez 1992）。研究人員告訴一半的參試者，有那種酶意味著他們罹患胰臟病的機率小十倍。然後告訴另一半的參試者，有那種酶意味著他們罹患胰臟病的機率大十倍。被診斷出罹病機率大十倍的參試者，比較會質疑測試的準確性，並指出可能影響測試結果的異常情況，例如飲食、壓力或睡眠型態等等。這項

研究顯示，資訊支援有利的結論時（例如顯示身體健康，而不是可能不健康），我們就不會那麼懷疑了。當事實與我們偏好的判斷相左，我們才會質疑它的精確性，或要求更多的資料。

然而，並非所有的信念都對我們一樣重要。在某些情況下，我們承認自己的知識有誤或過時的時候，就會接受新的資訊。例如，大家一直認為 19 世紀法國的軍事領袖拿破崙很矮小。他死後，醫生指出他的身高是 157 公分。然而，那是法國的度量衡，而不是較小的英國單位。以英國單位來換算，他的身高約為 170 公分，其實略高於當時法國人的平均身高（165 公分）（Rodenberg 2013）。「拿破崙身材矮小」這個迷思，是英國的政治漫畫家早期嘲諷的形式。他們喜歡把他描繪成脾氣暴躁的孩子，這讓拿破崙非常惱火（見圖 3.9）。而這個單純的誤解已經持續兩百多年了。

多數人看到這個新資料時，很容易調整他對拿破崙身高的看法，因為沒有人太在意他的身高。不過，遇到與自己的世界觀或核心信念相抵觸的資料時，人們的反應就不是這樣了。我們的世界觀或核心信念往往受到強烈的文化、宗教或政治觀的影響。事實上，研究人員發現，遇到挑戰我們世界觀或信念的資料時，我們可能覺得那些資料威脅了自己的人身安全（Kaplan, Gimbel, and Harris 2016）。我們聽到屋內好像有入侵者，或在野外遇到動物時，系統一會提醒我們有潛在的危險。同樣的，大腦接觸到反證時，也會把它視為類似的威脅。在這些情況下，大腦會準備好排擠那些可能破壞、或傷害我們信念系統的反證，以求自保。

2004 年，心理學家德魯‧韋斯汀（Drew Westen）進行一項有

圖 3.9　這是英國漫畫家詹姆斯・吉爾雷（James Gillray）的插圖，他以不討喜的方式，把拿破崙畫得既矮小又幼稚，令拿破崙為之氣結。

資料來源：https://commons.wikimedia.org/wiki/FileCaricature_gillray_plumpudding.jpg，公版圖。

趣的研究，他找來 20 位自認為是共和黨或民主黨鐵粉的參試者（Westen, Blagov, Harenski, Kilts, and Hamann, 2007）。他用功能性磁振造影機器（fMRI）掃描他們的大腦活動時，讓每個參試者看各政黨領導人說過的矛盾話語。結果發現，參試者可以輕易發現反對派政客的言辭矛盾，卻不覺得自己力挺的政客說了一樣矛盾的話。例如，民主黨的鐵粉可以清楚聽出共和黨總統候選人小布希的矛盾言論，但聽不出來民主黨參議員約翰・凱瑞（John Kerry）的矛盾

言論。雖然他們這種黨派反應並不令人意外，但神經掃描顯示的推理流程，確實令人訝異。

他們的大腦一開始因矛盾的資料而苦惱後，很快就想辦法合理化那些新資訊，並調節負面情緒。過程中，與意識推理有關的大腦區域都沒有啟動（系統二），一切都發生在潛意識的情感中心（系統一）。他們的大腦不僅壓抑負面情緒的流動，也驅動獎勵迴路以強化他們有偏見的錯誤推論，這個流程稱為**動機推理**（motivated reasoning）。在當今兩極化的政治環境中，大家越來越難接受與個人信念、道德價值觀或群體身分相左的事實。動機推理助長了陰謀論，促成「另類事實」的出現以支持可疑的結論。這也說明了為什麼確鑿的事實難以接受時，越來越多人會高喊那是「假新聞」。

在這些情況下，我們很想把更多的事實與證據，扔給那些立場相反的人。然而，這樣做非但無法削弱他們的立場，反而會在無意間以我們的反駁證據，強化他們的立場。心理學家稱這種現象為**逆火效應**（backfire effect）。政治學家布倫丹・尼漢（Brendan Nyhan）與傑森・瑞福勒（Jason Reifler）在 2010 年的研究中，向不同的人提出錯誤的主張（比如，在伊拉克發現大規模殺傷性武器；小布希總統時代的減稅政策，導致財政收入增加），接著再讓那些人看更正的資訊（例如，從未在伊拉克發現大規模殺傷性武器；小布希減稅後，名目稅收占 GDP 的比例其實大幅下滑）。這些參試者因政治傾向不同，他們要麼認同、要麼不認同跟黨派路線有關的誤導資訊與更正資訊。有趣的是，如果保守派更相信原始的誤導資訊為真，更正資訊反而導致適得其反的效果（Nyhan and Reifler 2010）。

雖然越來越多人認同尼漢與瑞福勒所提出的「逆火效應」概念，但其他研究人員發現，這種認知偏誤可能是罕見現象，而不是常見情況（Wood and Porter 2017）。無論如何，當你試圖糾正錯誤資訊，但那個錯誤資訊與對方的核心信念或身分有關，「適得其反」是你可能遇到的眾多地雷之一。

在尼漢與瑞福勒的另一項研究中，他們發現可以普遍減少誤解的策略是**使用圖表**（Nyhan and Reifler 2018）。在三個實驗中，他們找出個人可能「不願承認與其既有信念相抵觸的真實資訊」的情境。在其中兩項實驗中，他們製作資料表以突顯出大家對美國前總統小布希（2006 年在伊拉克增兵）與歐巴馬（2010 年創造就業機會）的行動，所可能產生的誤解。結果顯示，圖表對糾正錯誤的觀點有顯著的影響。例如，對照組（無圖表）的歐巴馬反對者中，逾 80％認為歐巴馬在 2010 年沒有創造就業機會。然而，看到圖表的歐巴馬反對者中，不到 30％的人那樣想。

在第三個實驗中，政治學家想比較圖形與文字的資料傳達效果。他們以一張圖顯示全球平均氣溫的變化，也以一段文字描述同樣的氣溫變化。結果顯示，只有資料圖能減少錯誤或無證據的觀念。

把資料視覺化雖然無法更正每個人的錯誤觀念，但可以有效地減少一些資訊缺陷。雖然資料視覺化有助於傳遞訊息，但重點是，你要知道不是所有的圖表都一樣有效。在第 7 章與第 8 章，我們將深入探討如何製作圖像來傳達重點，讓受眾產生共鳴。既然你更了解受眾對資料的本能反應了，現在我們來看他們對敘事的反應。

渴望故事的大腦

人類的大腦是故事處理器，而不是邏輯處理器。

——社會心理學家強納森·海德特（Jonathan Haidt）

我們聽到「很久很久以前……」這幾個簡單的字時，奇妙的事情就發生了。大腦聽到故事的反應，與聽到事實的反應不同。你聽到真實的資訊時，如果當下掃描你的大腦，會發現大腦的**布洛卡區**（Broca's area）與**韋尼克區**（Wernicke's area）這兩個關鍵區域出現活動。這兩區會一起運作，以產生及處理語言。大腦接收的事實是文字與數字，並把它們解讀成意義，僅此而已。然而，許多研究發現，故事不僅能啟動大腦這兩個語言處理區域，也涉及大腦的其他區域，例如嗅覺、觸覺、運動等相關區域（見圖 3.10）。比方說，「咖啡」或「香水」等字眼會啟動你的嗅覺皮質。「他有雙堅韌粗糙的手」之類的句子，則會啟動大腦的感覺區域。「瑪麗踢了球」

溝通形式與大腦啟動

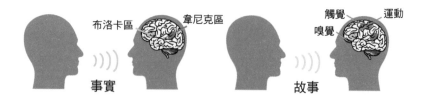

圖 3.10　事實只會啟動布洛卡區與韋尼克區（這兩區與處理語言有關）。然而，故事可以啟動腦中的多個感官區域。

之類的句子，會啟動與腿部運動有關的運動皮質（Paul 2012）。本質上，我們**聽到**的是統計數據，但**感受**到的是故事。相較於事實，故事讓你更有機會觸及受眾大腦中更深、更廣的層面。

分享故事時，說故事者與聽故事者的大腦會出現一種有趣的模式：**他們會同步**。神經學家尤里・哈山（Uri Hasson）做了一個實驗，他把 12 個參試者連上 fMRI 機器，讓他們聽一個女人講 15 分鐘的故事，內容是她高中畢業舞會發生的憾事，裡面提到嫉妒的男友、打鬥、車禍。哈山發現，雖然那個女人產出語言，聽眾在處理語言，但說故事者與聽故事者的人腦活動非常相似。他把這種現象稱為**神經耦合**（neural coupling），亦即說故事者與聽眾的思考是一致或融合的（見圖 3.11）。哈山發現，雙方的耦合越強，溝通效果

神經耦合使說故事者與聽故事者同步

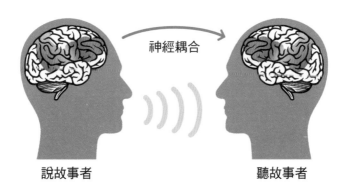

圖 3.11　哈山發現，我們與他人分享故事時，會出現神經耦合，亦即聆聽者的大腦活動反映了說故事者的大腦活動。說故事能讓我們與受眾連結，更有效地向他們傳達想法。

越好，受眾的了解也越深（Stephens, Silbert, and Hasson 2010）。而建立共同基礎是耦合發生的關鍵，因為背景差異會妨礙故事傳達想法的效果（Hasson 2016）。因此，當你能透過故事與受眾連結，你就開啟了共鳴的途徑。

故事也可以改變大腦的化學反應。神經經濟學家保羅・扎克（Paul Zak）研究我們聽到故事時，腦內分子有什麼變化（Zak 2012）。透過血液測試及 fMRI 掃描，他分析參試者對一部電影的反應。那部電影是描寫兩歲男孩班與他的父親。班是個快樂頑皮的幼童，但班的父親知道班有腦瘤，只剩幾個月的生命。參試者看短片時，扎克發現他們的大腦產生兩種化學物質：**皮質醇**與**催產素**。皮質醇是所謂的「壓力荷爾蒙」，我們感到痛苦時就會釋放它。皮質醇隨著故事的緊張氣氛流動，幫受眾集中及維持注意力。而催產素是與同理心及信任有關的荷爾蒙。催產素的濃度增加時，受眾會變得更有同理心，與你和你的想法更有共鳴。在研究結束時，扎克可以根據參試者的催產素濃度，預測誰會捐款給慈善機構，而且準確率高達 80％。荷爾蒙可以促進合作與行動。

在這兩種強大荷爾蒙的影響下，受眾可能進入「神遊」的心理狀態，沉浸在敘事中，抽離現實。2000 年，心理學家梅蘭妮・葛林（Melanie Green）與提摩西・布洛克（Timothy Brock）的研究顯示，個人神遊或沉浸在故事裡越深，他的信念與故事所傳達的想法越一致，不管他之前的信念是什麼。他們也發現，沉浸在敘事中的人比較不可能看出故事裡的「錯誤點」，即矛盾的事實或不精確的地方。他們不會挑剔細節，而是專注在故事的主角與情節上。此

外，無論故事是虛構、還是非虛構，都會出現這種神遊現象（Green and Brock 2000）。其他的研究人員後來發現，敘事神遊還有睡眠者效應（sleeper effect），即隨著故事概念與事實整合到人們的工作知識與信念體系中，它會隨著時間經過，變得更有說服力（Appel and Richter 2007）。顯然，故事在腦中穿梭的方式，可能導致事實遭到忽略或誤解。故事提供強大又有說服力的方式來傳達訊息，目的就是為了吸引先天愛聽敘事並等著回應敘事的大腦。

　　故事還可以幫受眾了解令人費解的邏輯。1966 年，英國心理學家彼得‧華森（Peter Wason）開發了一種選擇遊戲，以四張卡片測試人的演繹推理能力。底下是某個版本的任務說明：

　　把四張卡片擺在桌上（見圖 3.12），每張卡片的一面是數字，另一面是顏色。你必須翻開哪些卡片，才能驗證以下這個命題的真假：「如果一張卡片的一面是偶數，另一面就是紅色。」

華森選擇任務

圖 3.12　在這個華森選擇任務中，多數人不知道要翻開哪張卡片。

華森發現，僅10%的參試者確定該翻開哪些卡片。翻開數字「8」那張卡片，是證實那個命題為「真」的明顯選擇。不過，翻開「藍色」卡片就不是那麼直覺了，你在反面發現偶數時，即可證明那個命題是「假」的。但是，把「華森選擇任務」融入敘事時，有65%至75%的參試者可以準確地指出該翻哪些卡片（Badcock 2012）。例如，在下面的例子中，多數參試者都能找出該翻哪兩張卡片，以確保酒吧裡喝酒的人都滿21歲（在這個例子中，是翻開16與啤酒）。

　　你是調酒師，如果有人跟你點啤酒，你必須確定他是否年滿21歲。這四張卡片的每一張都代表一個坐在吧台的人。每張卡片均顯示他們的年齡，及他們喝的飲料（見圖3.13）。你必須翻開哪些卡片以檢驗客人有沒有違反規定？

華森選擇任務的故事形式

圖3.13　華森選擇任務以故事的型態呈現時，比較容易理解。

把複雜或困難的概念融入故事中，可以幫大家更了解意涵，也更了解數字。雖然說故事可以促進推理，但是隨便添加任何故事是不夠的。故事必須攸關主題，因為研究人員發現，毫無關係的敘事，無法幫參試者解開華森選擇任務。而故事使用得宜時，可以讓受眾覺得抽象或複雜的見解，變得更具體、平易近人。

表 3.1　摘要：我們對事實與故事的反應

對事實的反應

1. **我們只會挑剔不喜歡的事實。** 如果事實呼應受眾的既有觀點，受眾會減少懷疑，更接納資料。
2. **我們抗拒矛盾的事實，覺得那是實體威脅。** 大腦常把質疑現有世界觀的資料，視為對人身安全的威脅。
3. **大腦為了佐證既有的偏誤，可能會扭曲或破壞事實。** 動機推理導致大腦強化錯誤、有偏見的推論。
4. **糾正事實可能強化我們誤解的立場。** 糾正的資訊非但沒有削弱個人的誤解，反而強化誤解時，就會出現逆火效應。
5. **把事實圖像化以後，就更難否決了。** 對某些人來說，資料視覺化可以有效地減少資訊缺失。

對故事的反應

1. **故事吸引腦中的更多區域參與。** 說故事除了啟動攸關語言的兩個區域以外（布洛卡區與韋尼克區），也會啟動更多的感官區域。
2. **故事在說故事者與聽故事者之間，形成獨特的連結。** 說故事者與受眾出現類似的大腦活動時，就會發生神經耦合。
3. **故事能提升受眾的注意力與同理心。** 說故事會讓受眾的大腦釋放皮質醇與催產素等兩種荷爾蒙，那會提升注意力、同理心與行動的欲望。
4. **故事讓我們減少懷疑，更開放地接納改變。** 敘事神遊讓人減少對故事細節的吹毛求疵，並改變信念以呼應故事所傳達的想法。
5. **故事促進受眾的理解。** 故事可以幫受眾更了解令人費解或複雜的概念。

走「認知快速通道」的資料故事

故事是包覆著情感的事實。它促使我們採取行動，改變世界。
──電視編劇兼製作人理查・馬士威（Richard Maxwell）與高
階主管教練羅伯・狄克曼（Robert Dickman）

你發現重要的見解並提出來分享時，你希望目標受眾了解及接納那些想法。然而，無論你的資料有多扎實或多完善，那也不見得會與受眾產生共鳴。你與受眾分享新的事實時，資料必須經過大腦的兩個系統。換言之，你不只觸及大腦的理性部分（系統二），也觸及大腦的感性部分（系統一）。你的發現可能在無意間被感性又直覺的系統一忽略。或者，它們可能傳到充滿懷疑的系統二，在那裡遭到分析拆解後，被斷然否絕。然而，一旦你更了解大腦如何處理事實與故事，你就會明白，把事實與故事結合起來，可以促使你的見解獲得聆聽、理解、採納。由於說故事與我們處理及記憶資訊的方式密切相關，它提供了光講事實所欠缺的顯著優勢。

資料敘事銜接了邏輯世界與情感世界。資料故事為你的見解提供安全的通道，讓你繞過情感陷阱，突破阻礙事實的分析阻力。故事不會對抗系統一，而是與系統一（大腦的感性、直覺面）合作，來協助系統二思考新的見解。《大腦會說故事》（*The Storytelling Animal*）的作者哥德夏（Jonathan Gottschall）以下面的說法，來強調故事對我們的獨特影響：

我們讀枯燥的事實論點時，是一副積極應戰的樣子，並抱著批判與懷疑的態度。但我們沉浸在故事時，會放下理智戒備，讓自己獲得感動，毫無防備（Gottschall 2012）。

換句話說，哥德夏認為，我們面對事實時，反應是舉起盾牌以保護自己的觀點，避免被誤導。然而，故事的出現使人自然地放下盾牌，不再採取防禦姿態，因為防禦姿態會導致新的資訊難以傳達。有些人把故事隱藏的說服力（以情服人），比喻成特洛伊木馬（Guber 2013）。雖然故事可作為分享事實的強大媒介，但**資料敘事的目的，絕不該是欺騙受眾**。就像偽造資料是不對的，利用敘事來操弄受眾也不負責任。我們應該把資料敘事，當成使個人見解更符合受眾思維、更好理解及記住的方法。

與其把「說故事」比喻成充滿謊言與欺騙的負面希臘神話，我更喜歡把它比擬成大城市的高乘載快速車道（HOV lane）。如果你必須在繁忙擁擠的城市中運輸貨物，你會把握機會，盡可能使用快車道，以避開壅塞緩慢的路線。這樣做不僅可以縮短交通時間，運輸途中的壓力也會大幅減少。人類的大腦就像一座大城市，有相互連接的路線網，處理不同系統之間穩定又大量的訊號流。由於人類先天愛聽故事，故事可以透過特殊路徑來傳播知識。你想分享重要的見解時，可以透過講故事的方式，來進入認知快速通道（見下頁的圖3.14）。沒有故事的話，只能任憑系統一與系統二把你的見解當成不熟悉的資訊來處理，那可能會導致你的想法遇到不必要的延遲、迂迴、阻礙。

資料故事能走大腦的快速通道

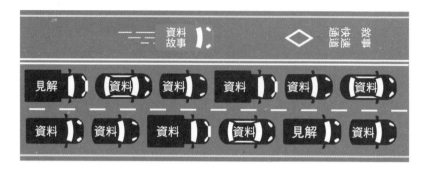

圖 3.14　你以資料故事來分享見解時，可以善用大腦為敘事開闢的快速通道。

2011 年，「懷疑的科學」（Skeptical Science）網站站長約翰・庫克（John Cook）與心理學家史蒂芬・萊萬多夫斯基（Stephan Lewandowsky），發表了一份簡短的實用指南：《揭弊指南》（*The Debunker's Handbook*），說明如何因應錯誤資訊及逆火效應（Cook and Lewandowsky 2011）。在該書中，他們探討為什麼一般人不見得會理性地處理資訊，以及為什麼他們很難修改現有的知識。雖然那本書的初衷，是為了幫大家因應那些否認氣候變遷的人，但那些概念也可以套用在任何迷思或誤解上。

那本書中有兩個關鍵工具，強調以資料講述故事的重要。首先，當你試圖糾正迷思或誤解，必須為你提出的新事實，小心構思另一套敘事（見圖 3.15）。否則，受眾的迷思遭到破解後，腦中只留下一個空缺，沒有東西去填補那個缺口。由於受眾寧可抱持錯誤

的模型，也不要不完整的模型，資料敘事能幫你把新的事實整理成可信的敘事，以填補受眾推理中的認知空缺。在此情況下，「注意間隙」（mind the gap）不僅適用於搭乘地鐵，也適用於分享新的見解。

　　第二，庫克與萊萬多夫斯基強調，運用圖像來處理錯誤的資訊，比使用文字或口說等方法更好。他們在書中寫道：

　　一般人讀到與個人信念相左的反駁時，他們會抓住語意含糊的地方，做別的解讀。然而，圖表比較清楚，可以降低誤解的機率（Cook and Lewandowsky 2011）。

　　你用圖像來講述資料故事時，受眾會覺得你的見解更明晰、更具體。雖然個人可能想以各種方式來解讀圖像，但從圖像得出錯誤

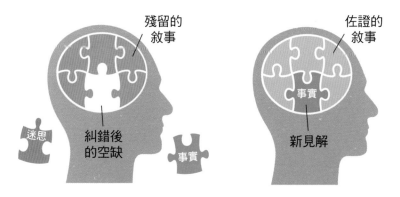

事實必須伴隨佐證的敘事

圖 3.15　糾正及排除迷思時，殘留的敘事可能依然有問題，你必須為新的見解提供新的佐證敘事。

結論的餘地較小。例如，在萊萬多夫斯基的研究中，他發現，把地面溫度圖像化以後，參試者不管對全球暖化抱持什麼態度，都能正確判斷暖化趨勢（Lewandowsky 2011）。你透過資料、敘事，**以及**圖像，來善用資料敘事的力量時，你的見解最有機會克服阻力、推動變革。而且，資料故事更有可能觸動人心（不只進入大腦），並促成行動。

「母親救星」的啟示

卓越真理皆始於褻瀆。

——劇作家蕭伯納

本章一開始，我們看到塞麥爾維斯的洗手觀點，在 19 世紀遭到醫療界的排擠。雖然他幫助產婦的熱情與決心，為他贏得了「母親救星」的稱號，但他無法說服同行採納他提出的救命觀點。我們從塞麥爾維斯的挑戰中可以記取的教訓之一，是有效傳達見解的必要。事後諸葛讓我們很容易批評他在 150 幾年前犯下的錯誤。100 多年後的我們肯定無法理解，一個匈牙利醫生在維也納的醫學界所面臨的職場鬥爭與自尊挑戰。不過，我覺得資料敘事的原則可以幫他說服醫界改變危險的醫療作法，避免那些作法奪走許多產婦的生命。

從敘事觀點來看，塞麥爾維斯其實可以針對受眾，把他的資料人性化，因為光有統計數據往往無法說服懷疑者。這位精通資料的

醫生，錯過了把洗手的結果編成資料故事的機會，因此無法從情感面說服其他的醫生（以情服人）。他本來可以分享蘇菲的故事，她是名貧窮、但健康的年輕母親，有兩個年幼的孩子，來醫院準備生第三個孩子。然而，兩天後，蘇菲並沒有帶著剛產下的可愛女嬰回家，而是雙雙淪為產褥熱的犧牲者。蘇菲可以是實習醫生團隊在維也納產科診所內遇到的真正病患，也可以是代表人物，象徵著許多因這種可預防的疾病而枉死的婦女。

他原本可以讓其他的產科醫生，記住那些統計數字背後的可憐女性，而不是把她們的死亡視為不幸、但很自然的分娩結果。蘇菲不單只是產褥熱的受害者而已，她也是名母親、妻子、女兒，更還有其他人需要照顧與關愛。蘇菲的故事可能觸動那些男醫生，讓他們思考萬一自己的妻子、姊妹或女兒不幸死於這種棘手的疾病，那是什麼樣子。根據他的產褥熱死亡資料（1841-1846 年），塞麥爾維斯可以推斷，如果醫生診所的死亡率與助產士診所的死亡率一樣（3.9%，而不是 9.9%），那可以挽救多少生命。答案是超過 1,200位婦女！只有最冷酷、最麻木的醫生，才會對他鼓吹的作法，以及那個作法的救命潛力不感興趣。有些人可能會質疑把敘事套用在技術內容上（例如醫學發現）的效果。然而，一項研究探索了 700 多篇科學期刊的文章，結果發現，敘事風格的文章比依賴傳統說理方式的文章更有影響力（被引用的頻率更高）（Hillier, Kelly, and Klinger 2016）。

從圖像的觀點來看，塞麥爾維斯錯過了利用資料視覺化，來表達見解的機會。他出版著作時，書裡放了 60 幾個資料表，但**完全**

沒有資料圖。一般認為 19 世紀中期到後期，是現代統計圖的「黃金時代」，但塞麥爾維斯並未參與其中，而是堅持使用傳統的資料表，來傳達他的發現（Friendly 2008）。他有許多原始資料可以製成強大的圖像，但他寧可使用自己熟悉又容易製作的東西。他沒有想到，精心設計的圖表可以讓他的見解更加突出。

例如，塞麥爾維斯以詳細的資料表，比較維也納的產科診所與都柏林的類似診所，在 65 年間的產褥熱死亡率（見圖 3.16）。他想強調，1823 年，維也納的醫院因為導入病理解剖，而導致死亡率增加。相反的，都柏林的婦產醫院並沒有對產科醫生做類似的培訓，而且只有一年的死亡率超過 3%（1826 年）。他的資料表顯示，1842 年，維也納產科診所的死亡率飆升至 15.8%，但少了時間圖，兩家醫院之間的差異看起來並不明顯（見 94 頁的圖 3.17）。儘管資料表包含所有相關的資料點，但資料的視覺化有助於講述故事：不衛生的產科作法是致命的。在多數情況下，資料圖應該作為資料故事的核心，複雜的資料表則放在附錄中，必要時才拿出來。

塞麥爾維斯收集了許多令人信服的證據，來佐證其論點，即適當的洗手，可顯著減少產褥熱的發生。遺憾的是，他費心說服懷疑的醫學界，但徒勞無功。在乏人支持下，塞麥爾維斯大多遭到忽視，後來也被產科遺忘了。相較之下，1870 年代末期，英國外科醫生約瑟夫・李斯特（Joseph Lister）開創了消毒醫學的時代。在巴斯德細菌理論的啟發與支持下，李斯特提出消毒的概念，但他也面臨傳統醫界的懷疑與抵制。不過，當德國和丹麥的外科醫生注意到採用其作法的顯著效果後，他的概念開始獲得接納。在慕尼黑，

一家醫院大幅降低了產後感染率，從 80％降到趨近於零（Schlich 2013）。李斯特耐心、持續地推廣消毒概念十幾年，並在有生之年看到他的概念獲得廣泛的接納。但很遺憾，塞麥爾維斯未能做到這點。

有些人可能會把塞麥爾維斯的失敗，歸咎於當時沒發現導致產褥熱的真正病原體（細菌）。然而，不知道某件事為什麼會導致某

	Dublin Maternity Hospital			Viennese Maternity Hospital		
	Births	Deaths	Rate	Births	Deaths	Rate
				BEFORE SEPARATION OF CLINICS		
				Before Pathological Anatomy		
1784	1,261	11	0.87	284	6	2.11
1785	1,292	8	0.61	899	13	1.44
1786	1,351	8	0.59	1,151	5	0.43
1787	1,347	10	0.74	1,407	5	0.35
1788	1,469	23	1.56	1,425	5	0.35
1789	1,435	25	1.74	1,246	7	0.56
1790	1,546	12	0.77	1,326	10	0.75
1791	1,602	25	1.56	1,395	8	0.57
1792	1,631	10	0.61	1,579	14	0.88
1793	1,747	19	1.08	1,684	44	2.61
1794	1,543	20	1.29	1,768	7	0.39
1795	1,503	7	0.46	1,798	38	2.11
1796	1,621	10	0.61	1,904	22	1.15
1797	1,712	13	0.75	2,012	5	0.24
1798	1,604	8	0.49	2,046	5	0.24
1799	1,537	10	0.65	2,067	20	0.96
1800	1,837	18	0.97	2,070	41	1.98
1801	1,725	30	1.73	2,106	17	0.80
1802	1,985	26	1.30	2,346	9	0.38
1803	2,028	44	2.16	2,215	16	0.72
1804	1,915	16	0.83	2,022	8	0.39
1805	2,220	12	0.54	2,112	9	0.42
1806	2,406	23	0.95	1,875	13	0.69
1807	2,511	12	0.47	925	6	0.64
1808	2,665	13	0.48	855	7	0.81
1809	2,889	21	0.72	912	13	1.42
1810	3,051	39	1.01	744	6	0.80
1811	2,561	24	0.93	1,050	20	1.90
1812	2,676	43	1.60	1,419	9	0.63
1813	2,484	62	2.49	1,945	21	1.07
1814	2,508	25	0.99	2,062	66	3.20
1815	3,075	17	0.55	2,591	19	0.73
1816	3,314	18	0.54	2,410	12	0.49
1817	3,473	32	0.92	2,735	25	0.91
1818	3,539	56	1.58	2,568	56	2.18
1819	3,197	94	2.94	3,089	154	4.98
1820	2,458	70	2.84	2,998	75	2.50
1821	2,849	22	0.77	3,294	55	1.66
1822	2,675	12	0.44	3,066	26	0.84

	Dublin Maternity Hospital			Viennese Maternity Hospital		
	Births	Deaths	Rate	Births	Deaths	Rate
				After Pathological Anatomy		
1823	2,584	59	2.28	2,872	214	7.45
1824	2,446	20	0.81	2,911	144	4.94
1825	2,740	26	0.94	2,594	229	8.82
1826	2,440	81	3.31	2,359	192	8.13
1827	2,550	33	1.29	2,367	51	2.13
1828	2,856	43	1.50	2,833	101	3.56
1829	2,141	34	1.58	3,012	140	4.64
1830	2,288	12	0.52	2,797	111	3.96
1831	2,176	12	0.55	3,353	222	6.62
1832	2,242	12	0.53	3,331	105	3.15
				AFTER SEPARATION OF CLINICS		
				Males and Females in Both		
1833	2,138	12	0.56	3,737	197	5.27
1834	2,024	34	1.67	2,657	205	7.71
1835	1,902	34	1.78	2,573	143	5.55
1836	1,810	36	1.98	2,677	200	7.47
1837	1,833	24	1.30	2,765	251	9.07
1838	2,126	45	2.11	2,987	91	3.04
1839	1,951	25	1.28	2,781	151	5.42
1840	1,521	26	1.70	2,889	267	9.24
				Males in First Clinic Only		
1841	2,003	23	1.14	3,036	237	7.80
1842	2,171	21	0.96	3,287	518	15.75
1843	2,210	22	0.99	3,060	274	8.95
1844	2,288	14	0.61	3,157	260	8.23
1845	1,411	35	2.48	3,492	241	6.90
1846	2,025	17	0.83	4,010	459	11.44
				Chlorine Washings Used in Physicians' Clinic		
1847	1,703	47	2.75	3,490	176	5.04
1848	1,816	35	1.92	3,556	45	1.26
1849	2,063	38	1.84	3,858	103	2.66
Total	141,903	1,758		153,841	6,224	
Avg.			1.21			4.04

圖 3.16 塞麥爾維斯非常依賴類似這樣的資料表來支持其論點。這個資料表是比較都柏林的婦產醫院與維也納的婦產醫院，在 65 年間的死亡率。

資料來源：改編自 Semmelweis 1861。

個現象，不見得會阻礙有利的概念獲得採納。例如，儘管 1950 年代以來，乙醯胺酚（acetaminophen，品牌名是 Tylenol）一直是最多人使用的止痛藥之一，但藥物專家仍不知道它究竟如何運作（Drahl 2014）。或者，即使 AI 的最新發展已經非常先進，但就連開發人員也無法充分解釋，他們設計的 AI 模型如何運作。舉例來說，紐約西奈山醫院（Mount Sinai Hospital）開發了一款深度學習的應用程式（貼切地命名為「深度患者」），他們以 70 幾萬名患者的醫療紀錄，來訓練這個程式。如今，這個程式已經能夠熟練地預測新患者的疾病。但這個程式的開發者發現，這個程式不知怎的，

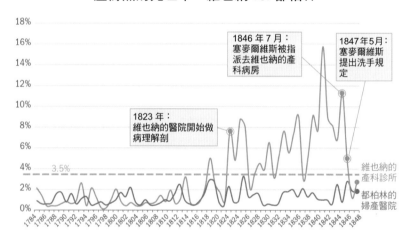

圖 3.17 1823 年維也納的醫院導入病理解剖以前，兩家醫院的產褥熱死亡率相似。相較於圖 3.16 的資料表格，這種視覺化的呈現更容易佐證塞麥爾維斯的推論。也就是說，大學教學醫院的屍檢，是造成維也納醫院內，患者因產褥熱死亡的因素之一。

竟然可以預測思覺失調症之類的精神疾病,「眾所皆知那是醫生難以預測的病症」(Knight 2017)。雖然完全了解某事的來龍去脈令人放心,但正面的結果往往更重要。

遺憾的是,溝通不良是塞麥爾維斯的主張從未獲得採納的關鍵原因。儘管他的實證及洗手的正面結果都很有說服力,但他就是無法說服產科醫生採納、甚至測試他的發現。如果塞麥爾維斯能用數字講出更有說服力的故事,天曉得他能因此拯救多少人,甚至可能也救了自己?

我們有幸發現寶貴的見解時,都有責任讓它充分發揮潛力。然而,一個人內心的見解能發揮的效果很小,通常需要與人分享、獲得他人的採納,才能發揮潛力。而把資料、敘事、圖像結合起來,也讓你的見解更有可能觸動人心(同時觸動系統一與系統二)。資料敘事呈現資訊的方式,不僅適合喜歡敘事的大腦,也可以點燃受眾的行動欲望。希臘哲學家普魯塔克(Plutarch)曾說:「心智不是有待充實的容器,而是有待點燃的一把火。」而精心設計的資料故事,可能是你驅動改變所需的火花或心理催化劑。

Chapter 4

資料故事的解剖

資料故事把圖像與敘事結合起來。這種結合可以打破人與資料之間的隔閡，讓人更深入參與及探索資料。

——顧能公司（Gartner）研究總監理查森（James Richardson）

　　一個 11 世紀的猶太民間故事，點出了我們必須以故事來傳達見解的根本原因。

　　冰冷又赤裸的真相在村裡挨家挨戶地敲門，但她總是被拒於門外，她的裸體嚇壞了居民。寓言找到她時，她正蜷縮在角落，瑟瑟發抖，餓得發慌。寓言覺得她很可憐，把她帶回家，幫她穿上故事，暖和身子，再讓她離開。披上故事的外衣後，真相再次去敲居民的門，這次大家欣然邀她入內，一起用餐，並在爐邊取暖（Simmons 2009）。

　　冷冰冰的事實就像上述的真相一樣，常遭到忽視。然而，誠如

寓言幫助**真相**進入居民的家中一樣，故事也可以幫你的見解觸動受眾的思想。敘事與圖像，確實可以幫資料達成它獨自無法發揮的效果。

在前幾章，我探討了**為什麼**資料與敘事的結合那麼強大。在深入探討**如何**以說故事的方式來呈現資料之前，我想先把焦點移到「資料故事究竟是**什麼**」上。不了解什麼是資料故事，你就很難構思有效的故事。隨著資料敘事日益流行，這個術語也越來越常遭到誤用，那可能變成了解資料故事的障礙。尤其，技術供應商與專家常把「資料敘事」與「資料視覺化」視為同義詞。這種對資料敘事的誤解，意味著任何以「圖像」呈現資料的溝通方式，都算是資料故事。於是，我們以為周遭充滿了「資料故事」，因為如今大家以多種方式來分享視覺化的資料，包括簡報、報告、儀表板、資訊圖、互動 app、獨立的資料圖表、通知等等。然而，光有資料視覺化，並不是在講資料故事，甚至不表示你有意講述故事。**光有資料視覺化，並不是資料敘事。**

雖然圖像是資料敘事的一大組成要件，但資料視覺化有多種功能（從分析到溝通，甚至創作）。而資料圖表大多是為了以視覺化的方式傳播資訊。一般來說，資料組合中只有一小部分是用來呈現特定的見解，而不只是傳播一般資訊。如果多數的資料組合都結合圖像與文字，你很難辨別某個情境算不算是資料敘事。下面介紹五種關鍵的屬性配對（見下頁的圖 4.1），它們可以幫你判斷哪些情況下，資料敘事是有意義或沒意義的：

圖 4.1 如果資料溝通具有較多右邊的屬性,它比較適合當成資料故事來講述。如果資料溝通有較多左邊的屬性,它比較不適合作為資料敘事。

- **資訊豐富(informative)vs. 見解深刻(insightful)**。許多人認為 informative 與 insightful 這兩個字是同義字,常互換使用。然而,你去查它們的定義時,會發現兩者是互補的,意義不同。Informative 的定義是提供有趣或實用的資訊。然而,insightful 超越了 informative,是展現清晰、深刻的觀感或理解。你的資料溝通可能資訊豐富,充滿有趣或實用的資訊,但不見得會讓你產生特別的見解。你選資訊豐富的內容,是為了它的廣度,而不是深度。相反的,你有清晰、獨特的見解時,你傳達的訊息比較集中,更容易形成引人入勝的資料故事。

- **探索性 vs. 解釋性**。在某些情況下,你可以為受眾提供互動

式的資料視覺化，讓他們自己去探索資料。你不是提供一套預先確定的發現，而是讓受眾自由地過濾資料，與資料互動，以發現自己的見解。不過由用戶掌控他們觀看資料的方式時，你無法預測他們會得出什麼見解。大家常把探索性的案例，比喻成兒童的《多重結局冒險案例》（*Choose Your Own Adventure*）遊戲書，[1] 然而那其實是錯誤的類比，暗指那是一種故事，但其實不然。受眾並不是在不同的「資料敘事」中挑選，只是在不一樣的「資料集」中做選擇。相對的，一旦你心中有特定的見解，你比較容易解釋你的見解是什麼，以及為什麼它很重要（採用資料故事的形式）。

- **抽象 vs. 具體**。有些情況下，你可能決定分享大量資訊，但不想把受眾導向特定的方向或結論。當資料的性質比較抽象，就可以用多種方式解讀資料。但是，放任資料有多種解讀，也等於放棄了講述特定資料故事的能力。在某些情況下，這種取捨是可取的，因為你不想限制資料解讀的方式。相反的，你對資料的見解比較具體、明確時，便更容易構思連貫的資料故事，因為你是在強調特定的資料觀點。

- **連續 vs. 有限**。許多資料溝通（例如自動儀表板）是設定成只要有新的資訊出現，就持續更新。它們就像監控設備 CCTV 或電視頻道那樣，不斷地傳輸新資訊。這類的資料視覺化會不斷地改變，以反映最新的趨勢。因此，有趣的結

---

[1] 為系列童書，指每個章節的最後都有幾個選擇，由讀者自己選擇故事的發展方向。

果來來去去，資料轉瞬即逝，難以講述故事。任一時刻，可能有幾個潛在的見解等著你去關注與探索，或完全沒有見解。為了在見解消失以前好好把握，你往往需要像相機快照那樣，捕捉資料的片刻。抓住那些固定的片刻，就能解析正在發生的事情，深入檢視每個見解。

- **自動 vs . 策劃**。我們越來越依賴自動化的報告與儀表板，來管理及駕馭日常的大量資料。這些自動化的資料組合試圖以有意義的方式來顯示資訊，但它們往往無法抓到或沒有充分了解某些見解的意涵。雖然 AI 領域的創新持續提升電腦的能力，但是想從大量資訊中找出關鍵訊號，大多還是要靠人類。為了寫出故事，並針對特定的受眾量身打造故事，往往需要真人去精挑細選資料。**策劃**意指「選擇、整理、呈現資訊或內容，通常會運用專業或專家知識」（Oxford 2019）。雖然技術可以輕易偵測到資料中的異常，也可以自動散播資訊，但技術可能難以找出及傳達真正有意義的見解。重要的見解通常還是需要熟練的人工，去編組有意義的視覺敘事。

資料敘事代表更大分析流程的面向之一。我們需要經過那道分析流程，才能把資料轉化為行動。顯然，在傳達見解之前，你必須先找到見解。我們創造的許多資料組合，幫我們（或他人）分析資料，並找出有意義的見解。在資料敘事光譜上，左邊的特質大多與**故事框架**（storyframing）的初始步驟有關（見頁 98 的圖 4.1）。有

了故事框架以後，你就可以把大量的資料，精煉成關鍵指標與維度的組合（見圖4.2）。當你限制關注的資料、並決定資料視覺化的方式，就能從資料中**構思**潛在的故事。例如，你建立資訊圖表，來比較各種汽車的價格。其中，你按照燃油的經濟性與安全級別來分類，和使用加速度與馬力資料來分類，會讓人得出不同的見解。故事框架主要是為了向受眾提供實用的資訊，那些資訊可能會轉化成有意義的發現，也可能不會。

然而，你找到需要向他人解釋的重大發現後，就從故事框架轉變成故事敘述了。故事敘述需要不同的方法，讓目標受眾了解你想傳達的見解，並促使他們採取行動。**資料敘事**可以定義為：使用敘事元素與解釋性的圖像，來傳達資料見解的結構化方法。對資料敘事有了這番了解與定義後，我們進一步來看資料故事的剖析。

分析歷程：從故事框架到故事敘述

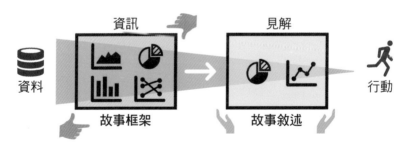

圖4.2 故事框架與故事敘述可能看起來很像，因為它們都使用資料視覺化，但兩者的目的不同。**故事框架**是想打造一扇窗，以洞悉關鍵的資訊，讓潛在的見解從資料中冒出來。**故事敘述**則是用來對受眾解釋特定的見解。

資料故事必備的六大要素

故事不是把累積的資訊串成敘事，而是構思好幾個活動，把我
們帶到有意義的高潮。

——編劇專家兼作家麥基

當你周遭圍繞著各種故事，又不斷地吸收它們，可能很難停下
來思考，故事究竟由什麼組成。說到故事，大家往往把文學與新聞
拿來作為參考架構。然而，這兩種形式的故事本身就是鮮明的對
比。比方說，《紐約客》雜誌或 CBS 電視台《60 分鐘》（*60 Minutes*）
節目中的敘事性新聞，雖然反映了文學故事的許多面向，但新聞報
導大多是以由上而下、事實導向的方式，向受眾**傳遞資訊**，那通常
是遵循**倒金字塔結構**。過去 100 年來，記者把最有新聞價值的資訊
（lede）放在報導的開頭，接著放次要的資訊，最後才放最不重要
的細節（見圖 4.3）。這種方法使新聞迅速抓住受眾的注意力，也讓
編輯更容易修剪不太重要的細節，以便必要時把報導塞進更小的版
面中。

而把這種方法套用在資料上，能讓受眾在溝通的一開始，就獲
得最重要的資訊。這種格式讓忙碌、不耐煩的受眾更容易快速瀏覽
事實，以判斷有沒有與他們相關或有意義的內容。相反的，在傳統
的敘事結構中，受眾必須等待故事達到有意義的高潮時，才知道重
點是什麼。新聞業的倒金字塔結構看似好主意，但那樣做是有代價
的。不依循傳統的敘述結構，等於放棄了「動之以情」的力量。本

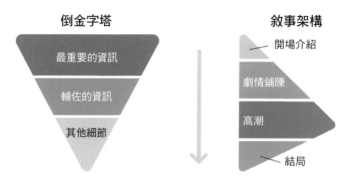

比較新聞與文學故事的格式

倒金字塔

最重要的資訊

輔佐的資訊

其他細節

敘事架構

開場介紹

劇情鋪陳

高潮

結局

圖 4.3　倒金字塔結構把最重要的資訊放在開頭。傳統敘事結構則是逐漸鋪陳，並在高潮時呈現最重要的資訊。

質上，那不是故事，而是故事的相反：**反故事**（antistory）。

　　如果你的目標是快速傳遞資訊（例如在故事框架的情況下），倒金字塔架構可能有效。它在一開始就歸納關鍵資訊，受眾可以決定要不要花時間去爬梳輔佐的細節。然而，如果你的主要目的是說明你的見解並吸引受眾，倒金字塔結構的效果就不如傳統的敘事結構了。畢竟，若你的內容吸引受眾，他們會記住更多資訊，也更有可能採取行動。因此，我不是以新聞報導來定義資料故事的原型，而是以文學故事作為模型。

　　在探討資料故事的組成元素之前，我們必須先釐清典型文學故事的定義。維基百科把敘事或故事定義為「以連串的書面或口頭文字，或是靜態或動態的圖像，或者兩者皆有的形式，來描述環環相扣的事件，無論那些事件是真實或虛構的」（Wikipedia 2019）。說

到 J.K. 羅琳的小說、莎士比亞的劇作或史蒂芬‧史匹柏（Steven Spielberg）的電影，有些人可能會質疑，資料編成的故事可以跟這些類別的作品相提並論嗎？但其實，資料故事與這類故事的共通點比你想的還多。文學、電影、戲劇裡的許多屬性，也出現在資料故事中。在定義資料故事的六個基本要素中，你會看到一些共同的特徵。

圖 4.4　資料故事的六個基本要素。

要素一：資料基礎

　　資料故事與其他類型的故事有一大區別：資料故事的基礎是資料。其他類型的故事可能有許多事實分散在故事中，資料故事則是完全由資料衍生出來的。我這個人不愛吹噓，但我確實很會做巧克力餅乾。就像巧克力餅乾的品質取決於巧克力的濃度與品質一樣，資料故事的品質也取決於事實導向的基礎。每個資料故事的基本組件都是量化或質化資料，那些資料通常是分析或深刻觀察的結果。由於每個資料故事都是由許多事實所組成的，因此成品就像是一部部非虛構的作品。雖然思考故事的結構及傳達方式可能需要發揮一些創意，但真實的資料故事不會偏離事實基礎太遠。此外，資料的

品質與可靠度，決定了資料故事的可信度與強度。在下一章中，我會深入探討資料如何作為資料故事的基礎。

要素二：主旨

在約翰・休斯（John Hughes）執導的經典喜劇《一路順瘋》（*Planes, Trains, and Automobiles*）中，演員史蒂夫・馬丁（Steve Martin）飾演苦惱的企業高階主管，他在趕回家過感恩節的路上被困住了。劇中，他被迫和不討喜的旅伴坐在一起，即約翰・坎迪（John Candy）所飾演的聒噪業務員。由於那個業務員很愛分享無用的軼事，馬丁一度受不了而嗆他：

不是所有的事情都是奇聞軼事，你需要好好區別，只挑好笑或有趣的事情來講。你真是奇葩！你講的故事都不是那樣，連偶爾有笑點都談不上……我教你一個訣竅，你講小故事時，要有重點！這樣聽眾才會覺得有趣多了！

同樣的，資料故事必須有一個中心見解或概念，**必須要有主旨**。你可以在資料故事中分享不同的事實，但它們都應該支持一個首要的見解。把焦點放在這個主旨上，就可以確保資料故事有明確的目的（以旨服人）。

隨機匯集有趣但不相關的事實，會缺乏統一的主題，成不了資料故事。它可能資訊豐富，但不算見解深刻。例如，你可能發現公司的人才招募流程有缺陷，這些觀察可以集結成一個主要見解，像

是：不解決這些缺陷程序的話，會阻礙公司今年的發展。而與這個核心訊息無關的見解，都只會削弱它的力道。

美國作家馬克・吐溫曾說：「故事應該要完成某件事，達到某個境界。」資料故事的預期終點或目標，是引導受眾更了解你的主旨或見解，以促成討論、行動與改變。然而，如果你有幾個不同的發現，並試圖把它們組成單一的資料故事，那可能會導致受眾困惑不解，或覺得資訊量太多，消化不良。講述連貫的資料故事時，必須優先考慮及限制你關注的內容。有時一個見解應該有自己的資料故事，而不是附加在另一個見解的敘事中。

要素三：解釋性的焦點

每個資料故事都應該有一個解釋性的焦點。大家常犯的錯誤是，只描述資料或見解。然而，**描述性**不等於**解釋性**。你細看「描述」與「解釋」的定義，會發現兩者之間有細微但重要的區別。

> 描述：以文字或圖畫來呈現或述說。
> 解釋：闡明或釐清，以便理解。

你描述某事時，是提供其特徵或特徵的細節，尤其是與**誰、什麼、何時、何地**有關。然而，你解釋某事時，你會進一步闡明見解，以確保對方了解。解釋性的焦點通常是指深入探討「如何」與「為什麼」等面向，以幫助受眾解讀資料。例如，在每部懸疑小說的結尾，福爾摩斯或赫丘勒・白羅（Hercule Poirot）等私家偵探不

會只揭露誰犯罪，他們也會揭露犯罪者的作案手法（如何）與動機（為什麼）。

同樣的，資料故事必須超越描述性的細節，想辦法釐清某事如何發生，及為什麼會發生（或將發生）。例如，得知上一季的銷售額比去年同期縮減了 35%，那是資訊，不是深刻的見解。當你說明最近的行銷失誤及競爭對手的積極行動，如何導致銷售額下降35%，你是在幫受眾了解銷售下滑的背後原因，也幫他們了解如何解決這個問題。資料故事是以更深的分析推理為基礎，不只是呈現表面細節而已。

解釋也比描述更有挑戰性。畢竟，事情為什麼會發生或如何發生，我們不見得都有精簡扼要的解釋，那總是有一定程度的不確定性與臆測。身為資料敘事者，你需要根據你能獲得的最佳資訊，從容地闡述你的觀點。

要素四：線性序列

每個資料故事都依循著線性序列。在這個序列中，輔佐的資料點層層堆疊，直到得出主旨或結論。故事的一般定義是，「描述因果相關或相互關聯的連串事件」。在故事中，一些值得注意的事情發生了，對某人或某事造成了影響，也就是因果。例如，在熱門童話《綠野仙蹤》裡，主角桃樂西遇上連串有趣的事件：龍捲風把她帶到了陌生的地方；她獲得一雙神奇的鞋子；她在黃磚路上遇到幾名旅伴；女巫派她和朋友去執行任務；他們用一桶水融化了邪惡女巫（見下頁的圖 4.5）。這些有趣的事件單獨來看沒多大的意義，但

故事：事件的線性序列

圖 4.5 大多數的文學故事是好幾個事件的線性排序，例如法蘭克·包姆（L. Frank Baum）的《綠野仙蹤》。同樣的，你的關鍵資料點也應該按順序導入，以輔助你的主旨。

是按順序排下來，就創造出深受好幾世代喜愛的精彩故事。

在資料故事中，你是展開一系列輔助的資料點，以便最後導向主旨。你不是一次把所有的資訊都傾倒給受眾，而是分階段提供。其中，每個新細節都是建立在前一個細節的基礎上，受眾透過這種循序漸進的流程，穩步地了解核心議題或機會所在。在資料的布局或簡報流程上，應該提供循序漸進的清晰途徑，幫受眾了解你的論點，作法依你講述資料的方式而定。如果你是以簡報的方式分享見解，你可以掌控你向受眾展現資料的方式。假如你是以電子郵件寄送報告，你需要依賴格式、層次結構、其他排版方式，來指引收件人穿過故事序列。

要素五：戲劇性元素

2009 年皮克斯電影《天外奇蹟》（*Up*）的開頭，是個巧妙構思的剪接短片。它顯示主角卡爾與妻子艾莉之間的愛戀關係。在 5 分

鐘內，我們從一系列橫跨 60 年的溫馨場景，了解了卡爾的人生。《天外奇蹟》的導演彼特‧達克特（Pete Docter）與鮑伯‧彼得森（Bob Peterson）利用各種戲劇性的技巧（有配樂，無對白），促使受眾去關注原本可能沒人理會的暴躁老頭（見圖 4.6）。

皮克斯電影《天外奇蹟》令人難忘的開場剪接短片

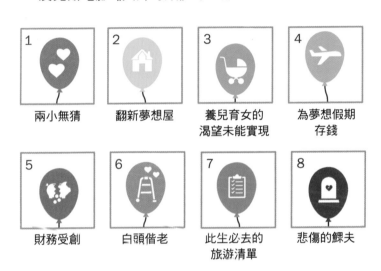

1 兩小無猜	2 翻新夢想屋	3 養兒育女的渴望未能實現	4 為夢想假期存錢
5 財務受創	6 白頭偕老	7 此生必去的旅遊清單	8 悲傷的鰥夫

圖 4.6　在皮克斯的電影《天外奇蹟》中，用短短 5 分鐘的剪接開場為大家介紹主角卡爾。如果沒有這段關於卡爾與妻子艾莉的背景資訊，我們對卡爾的看法可能大不相同。同理，為你的見解提供脈絡或背景資訊，可以幫受眾充分了解其價值。

　　資料故事也有類似的戲劇性元素，如背景、情節、人物等等，跟文學與電影中所使用的元素很像。在資料故事中，這些元素的應

用可能不同或沒那麼明顯，但一樣重要。就像《天外奇蹟》的導演，以豐富的背景資訊為故事設定背景一樣，你也必須提供足夠的背景細節，好讓受眾正確地了解你的見解。為了建立資料故事，你可能需要讓受眾了解時間框架、資料來源、過去績效、其他的脈絡細節。例如，上一季的銷售額是 200 萬美元，那個數字可能很差，也可能很好，端看去年同季的銷售額而定。

從情節的角度來看，**優秀的**編劇與導演從來不會在他們的故事中加入隨機、無關的事件。每個事件都有目的，都是為了推動故事與角色的發展。同樣的，你構想及排列資訊的方式，構成了資料故事的主幹。有時，該刪除的內容與該納入的內容一樣重要，它們都攸關故事的成敗。另一方面，你可能不相信一個資料故事涉及多種角色，但你分析的資料通常與人有關，像是：客戶、潛在客戶、員工、合作夥伴、學生、病人、選民等等。突顯出數字背後的人，可為故事添加更平易近人的人性觀點。而為資料故事加入的戲劇性元素越多，它在情感面對受眾的吸引力越大。在第 6 章中，我將探討這些戲劇性元素如何以不同的方式結合起來，形成資料故事的敘事結構。

要素六：視覺定錨

1920 年代末期，電影業從默片時代進入有聲電影時代。很多人沒注意到，英國名導希區考克的前十部電影都是默片。那些默片幫他磨練了視覺敘事的技巧。希區考克認為「默片是最純淨的電影形式」，因為導演被迫只靠圖像來發展敘事，不能依賴聲音。儘管

不是所有的文學故事都需要視覺圖像，但資料故事通常必須依賴視覺定錨。由於人類是視覺的生物，以圖像描述的資料，比文字或數字的傳達效果更好。

　　馬克‧吐溫建議其他的作家：「別說那個老太太在尖叫，就直接讓她出場尖叫。」在分析流程中，我們常從資料圖表發現洞見。但資料圖表在解說資料方面，也有不可或缺的作用。比如，原始的統計資料複雜難解時，把資料加以視覺化，可以讓資料變得更平易近人及更好理解（見圖 4.7）。資料視覺化可以幫受眾看到他們原本可能沒看出來的型態、趨勢或異常。此外，其他形式的圖像也可以

視覺圖像可以幫資料說話（甚至尖叫）

公司淨利／淨損
（百萬美元）

聲明：
「公司多年營運
困難，去年虧損
3.15 億元。」

1.72億美元

$200
$100
$0
−$100
−$200
−$300
−$400
−$500

−3.15億美元

2008　　　　　　　　　　　2017

圖 4.7　馬克‧吐溫認為，與其說「那個老太太在尖叫」，不如直接「讓她出場尖叫」。同樣的道理，把資料視覺化往往比單純陳述資料更有說服力。

用來補充及強化敘事。例如，圖示（icon）可以為受眾創造心理捷徑；相片能為關鍵資料點添加情感要素。在第 7 章與第 8 章，我將說明圖像如何塑造資料故事的關鍵場景。

這六個元素是編造有效資料故事的必備要件，只要忽略其中一項，不管你的資料多吸引人或多有趣，你的分析結果都只是資訊，而且還錯失了把資料編寫成故事的許多好處。有些資料故事更緊密、深入地結合這六個元素，所以看起來及感覺上比較像文學故事。然而，即使是六個元素含量較低的資料故事，也可能因為它們在表達上更「像故事」而受益。

資料溝通面面觀

故事是記憶輔助、指導手冊、道德指南。
　　——心理學家兼記者亞力克・洛托斯基（Aleks Krotoski）

正如每個見解都略有不同，每個資料故事也是獨一無二的。資料故事沒有固定的長度，因為長度取決於分享的資訊多寡。理想的情況下，你應該盡量精簡明晰地講述資料故事，但見解的性質與目標受眾，最終決定故事的廣度與深度。

一般來說，你選擇的傳遞方式，會決定及影響你以資料來說故事的能力。儘管分享資訊的方式有很多種，但不是每一種都適用於資料敘事，有些可能更適合故事框架。遵循上述的架構，你可以看到某些類型的資料溝通，難以滿足所有的基本標準（圖 4.8）。

按資料故事的六個元素，來看不同的資料溝通方法

	資料基礎	主旨	解釋性的焦點	線性序列	戲劇性元素	視覺定錨	
資料簡報	有	可能有	常有	常有	可能有	有	策劃
策劃的報告與儀表板	有	可能有	常有	可能有	可能有	有	
資訊圖表	有	可能有	可能有	可能有	可能有	有	
資料視覺化	有	可能有	可能有	可能有	可能有	有	
自動化報告	有	無	無	無	無	有	
自動化儀表板	有	無	無	無	無	有	
通知	有	有	無	無	無	可能有	自動化

圖 4.8　所有的溝通都是以資料為基礎，但不是每一種溝通方法都適用於資料敘事。

　　目前，自動化的資料溝通方式（接近上表的底部），無法支援資料故事的許多基本元素。未來，我們會看到 AI 與機器學習大量湧現，以彌合這道鴻溝。但目前看來，說故事要做到完全自動化，還需要好一段時間。雖然技術有助於大幅改進故事框架，但現在說它將在資料敘事中扮演什麼角色，仍言之過早。舉例來說，自動化儀表板可以突顯出資料中的隨機異狀，但是在真人（或某種智慧型代理〔intelligent agent〕）了解情況及解讀發生了什麼事之前，依然不會出現敘事。

互動式資料敘事

在資料新聞的領域，捲軸（scroller）、步進式敘事（stepper）之類的互動式資料敘事出現了。捲軸有時稱為滾動頁面的敘事（scrollytelling），是隨著使用者向下滾動頁面，來顯示內容。比方說，數位出版品《The Pudding》（https://pudding.cool）以各種捲軸或「圖文」，來探討多元的文化議題。而步進式敘事則需要使用者點擊故事的每個步驟或場景。像《紐約時報》、《華爾街日報》、《Vox》等主流媒體網站，就很流行這種報導。這兩種互動格式都維持線性序列，那對資料故事來說是不可或缺的要素，但設計與執行上可能有挑戰性。

資料視覺化與資訊圖表因內容的深度有限，再加上有時是靜態的，所以難以符合資料故事的所有標準。資訊圖表發揮效果的最有名例子，是查爾斯・約瑟夫・米納德（Charles Joseph Minard）繪製的 1812 年拿破崙征俄戰爭圖（見圖 4.9）。米納德是退休的法國土木工程師，他生動地描繪了拿破崙進軍俄國的慘烈行動。知名的資訊設計師愛德華・塔夫特（Edward Tufte）盛讚，米納德的專題式地圖是「有史以來最好的統計圖」（2011）。米納德巧妙地把多種類型的資料結合起來（包括地理、時間、溫度、距離、部隊移動、軍隊規模），畫在一張平面圖上。那張圖是按時間順序繪製，並搭配豐富的背景資訊，充分說明了拿破崙進軍俄國這個代價高昂的軍事

錯誤。雖然不是所有的主題都需要那麼複雜的資料視覺化，但講述多面向的資料故事時，需要規劃與技巧。許多現代的資料視覺化與資訊圖表充斥著大量的資訊，卻達不到米納德在 1869 年所做出來的效果。（而且他是在 89 歲過世的前一年，完成這張圖！）

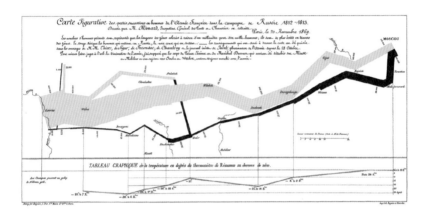

圖 4.9 1869 年，退休的法國土木工程師米納德，繪製了這幅 1812 年拿破崙征俄戰爭的專題式地圖，以突顯出法國軍隊的慘烈陣亡。
資料來源：https://en.wikipedia.org/wiki/File:Minard.png，公版圖。

　　需要真人策劃的溝通（例如資料簡報或人工報告），比較可能具備資料故事的元素。它們比較不受空間的限制，在排序上有較高的靈活性，也可以在必要時為見解加注。然而，儘管敘事本身有這些優勢，但這些資料溝通方式通常不像故事。它們傳遞豐富資訊的能力往往遭到誤用或濫用，因此導致不必要的資料轟炸。畢竟，一則簡單的見解可能只需要簡約清爽的資料圖，就能講述出故事。像

米納德那種資料視覺化的專家，也許可以把複雜的資料故事，塞進有限的空間中。然而，多數的情況下，複雜的見解通常需要更強大的方法，才能塑造出引人注目的故事。最終，資料故事及其傳遞的方式深受兩個關鍵因素的影響，即**說故事者**與**受眾**。

資料故事的大功臣

> 每個故事在找到合適的說故事者之前，都很複雜。
>
> ——佚名

在前一章，我們看到匈牙利醫生塞麥爾維斯，未能把他的救命發現，轉變成引人注目的資料故事。沒有人能質疑他對醫學界的奉獻，以及他拯救產婦的熱情。然而，他確實不曉得該如何把見解傳達給他人。在同一時期，兩名英國的醫界人士，也在想辦法推廣他們的救命發現。他們像塞麥爾維斯一樣，有統計方面的天賦，也把分析技巧應用在醫療專業上。不過，跟塞麥爾維斯不同的是，他們為了讓大家接受及採納他們的建議，找到了以圖像來分享見解的方法。這兩位醫界人士後來成為利用資料視覺化（而不只是典型的資料表），來說明關鍵見解的先驅。他們在各自的領域中促成了重大的改變，而兩人的成功大多要歸因於，以資料講述精彩故事的能力。

南丁格爾是講述資料故事的先驅。一般認為她是現代護理學的創始人，但她也是熟練的統計學家。克里米亞戰爭爆發時，傷兵遭

到慘無人道的對待，相關的新聞報導引起公憤，英國政府亟欲解決這個問題。南丁格爾被派去帶領 38 名女護士所組成的護理小組，以改善土耳其斯庫塔里（Scutari）一家英國陸軍醫院的惡劣環境。

南丁格爾的護理團隊在當地見到了她所謂的「地獄王國」：一個擁擠、骯髒的醫院，缺乏基本的醫療用品，也沒有適當的衛生設施，遑論可靠的醫療紀錄。一開始，她們遭到男性醫務人員的抵制。但她們依然在清潔、衛生、通風、營養等方面，啟動各種改變，最終把傷兵的死亡率從 42％降至 2％（Wikipedia 2019）。

1856 年，南丁格爾以民族英雄的身分回到英國，被英國媒體譽為「提燈女士」，也因享負盛名而得以謁見維多利亞女王。在謁見女王的場合中，她獲准在 1857 年成立英國皇家陸軍衛生委員

圖 4.10　南丁格爾（1820-1910）

資料來源：Florence Nightingale. Engraving, 1872, after A. Chappel. Credit: Wellcome Collection. CC BY。

會，以檢查英國陸軍的健康狀況。她與英國頂尖的統計學家威廉·法爾（William Farr）合作，發現了一個驚人的現象：和平時期，20歲至35歲英國士兵的死亡率是平民的兩倍，原因是生活條件不衛生。在克里米亞，南丁格爾親眼目睹了不衛生的環境所造成的破壞，因為士兵死於傷寒、霍亂、痢疾等傳染病的機率，是戰傷致死的十倍。為了推行衛生改革，她需要說服軍官、政府官員、一般大眾相信衛生的優點。

為了向不太懂資料的受眾傳達訊息，南丁格爾創造一系列的資料圖表，包括有名的「極座標圓餅圖」（polar area diagram）（圖4.11），那張圖概述了克里米亞戰爭中英國士兵的死因。南丁格爾知道，視覺化的統計資料更有說服力，資料圖表可以「透過眼睛去影響我們無法透過耳朵傳達給大腦的資訊」（Bostridge 2015）。面對衛生改革的阻力，南丁格爾的因應方式，是印製各種小冊子與報告，以發送她繪製的極座標圓餅圖。接著，她在哈里特·馬蒂諾（Harriet Martineau）的《英格蘭與英軍》（*England and Her Soldiers*）一書中，以折頁的形式呈現那張圖。

南丁格爾的努力最終說服了英國軍隊的領導人，讓他們相信軍隊需要採取更好的衛生措施。她的衛生改革最終在和平時期及後來的軍事衝突中，拯救了無數士兵的生命。在 1869 年的一封信中，南丁格爾開心地寫道，根據她的估計，衛生改革拯救了 729 名士兵的生命，每年也避免 5,184 名士兵臥病在床（McDonald 2012）。南丁格爾因為對現代護理貢獻卓著而廣為人知，但她也是統計學界的一盞明燈。1858 年，為了表彰她的貢獻，英國讓她加入皇家統計

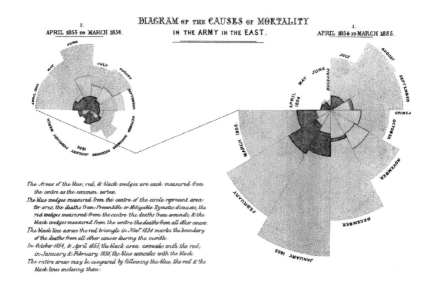

圖 4.11 南丁格爾的極座標圓餅圖（也稱為南丁格爾玫瑰圖或雞冠花圖）是分成 12 個大小相同的楔形，對應 12 個月分。每個顏色區域的高度或半徑是從中心開始算起，以顯示不同因素所造成的死亡人數，包含：戰爭受傷（紅色）、可預防的傳染病（藍色）、其他原因（黑色）。從圖的右邊開始（1854 年 4 月至 1855 年 3 月），它顯示傳染病致死的比例，遠高於戰傷致死的比例。

資料來源：https://edspace.american.edu/visualwar/nightingale/#gallery-1，公版圖。

學會，成為該會的第一位女研究員。雖然她不是第一個繪製統計圖表的人，但史學家休・史莫（Hugh Small）認為她是「第一個運用統計圖表，來說服大家相信改變有必要的人」，這使她成為資料敘事及推動變革的先驅（Small 1998）。

第二位資料敘述者是約翰・斯諾醫生（John Snow），一般認為

他是現代流行病學之父。現代流行病學是研究傳染病在人群中的發病率、散播、潛在疫情掌控的一門學問。儘管斯諾出身貧窮的勞工家庭，然而他開創了麻醉醫學的先河，甚至在維多利亞女王最後兩次分娩時，為她施打了氯仿（chloroform）。在他那個時代，維多利亞社會的多數人仍相信瘴氣理論（包括南丁格爾）。那個理論認為，霍亂或傷寒等疾病，是由糟糕的空氣或腐爛的有機物所散發的毒氣造成的。在工業時代，倫敦是全球人口最密集的城市之一，人口有 250 萬。人類的排泄物，大多是排入雜亂無章又老舊的汙水池與下水道系統，那些汙水最後是排入泰晤士河，也就是城市飲用水的主要來源。

1832 年到 1848 年間，每次爆發霍亂疫情，政府領導人與醫界人士很容易就把這些健康危機與瘴氣聯想在一起，因為城市的惡臭

圖 4.12 斯諾醫生（1813-1858）

資料來源：http://resource.nlm.nih.gov/101429151，公版照片。

越來越難聞。然而，經驗與研究讓斯諾醫生相信，疾病不是透過空氣傳播的，而是由水傳播。1849 年，他出版了一本小冊子，名為《論霍亂的傳染模式》（*On the Mode of Communication of Cholera*）。他認為霍亂是透過汙水傳播，但遭到漠視。儘管大家的反應令他失望，他仍相信霍亂是透過水傳播的疾病，而且堅決收集更多的證據，來佐證這個非正統的立場。

1854 年的夏天，霍亂疫情再次爆發。這次正好發生在斯諾家附近，他住在蘇活區。許多家庭火速搬離當地，斯諾卻朝著貌似疫情爆發的核心挺進：布羅德街（Broad Street）水泵周圍的社區。他檢查水時，幾乎找不到可見的雜質，但他也找不到其他可解釋霍亂爆發的「常見因素」。他檢查疫情爆發的最初幾天所登記的死亡案例，發現「幾乎每個死亡案例，都發生在離那個水泵很近的地方」。他指出，其中僅 10 起死亡案例離另一台水泵較近（Snow 1855）。經過調查後，他確定那 10 人中，有 5 人比較喜歡使用布羅德街的水泵，剩下有 3 人可能是上學途中從那個水泵喝水的兒童。他繪製霍亂死亡圖時，注意到幾個有趣的異狀：當地 間有 70 名員工的啤酒廠，以及 家有 535 名院友的濟貧院，離那個水泵很近，但疫情期間幾乎都沒有人罹病。後來發現，那兩個地方都有私人水井，所以他們不使用布羅德街的水泵。

根據這些事實，斯諾在疫情爆發一週後，說服當地的民間領導人拆除那個水泵的把手。雖然霍亂的疫情可能因為許多家庭搬走而減弱，但斯諾不只促成了預防措施而已，他也強化了自己的立場：霍亂是由水傳播的疾病。後來，在當地牧師亨利‧懷黑德（Henry

Whitehead）的幫助下，斯諾發現了汙染源：一名嬰兒死於霍亂，家人把洗尿布的水倒入糞池，那汙水滲入布羅德街的水泵供水系統中。那次事件結束後，斯諾在多種出版品中，分享了一幅如今很有名的蘇活區地圖。地圖上以黑條標示布羅德街的水泵附近，每個住宅或商場有多少人死於霍亂。在 1854 年 12 月提交給霍亂調查委員會的報告中，斯諾把資料畫成了沃羅諾伊圖（Voronoi diagram），圖中以虛線畫出一個圈，以顯示有多少死亡數比較靠近布羅德街的水泵，而不是另一個水泵（見圖 4.13）。

許多人爭論，斯諾究竟是利用那張圖來分析霍亂疫情，還是用它來說服當地的領導者拆下水泵的把手。我們在上一章學到，光靠資料很難說服心裡存疑的受眾，通常還需要借用敘事與圖像。然而，可以肯定的是，他用那張圖來幫大家了解，霍亂最有可能是透過水傳播的。史學家史蒂芬・強森（Steven Johnson）指出，那張圖是「他用來行銷其論點的工具」，斯諾主張霍亂是透過水傳播的疾病（Borel 2013）。遺憾的是，1858 年斯諾醫生因中風過世，得年45 歲，未能在生前完成打敗霍亂的任務。他死後，英國醫學界仍持續爭論這種致命疾病的起源。不過，1866 年倫敦再次爆發霍亂疫情時，衛生官員發布了第一個已知的煮沸水公告（boil water advisory），這對斯諾的努力來說是種肯定（Wikipedia 2019）。

南丁格爾與斯諾的見解之所以能獲得採納，兩人都付出了不少。他們不僅發現了有意義的見解，也懂得用有說服力的圖像來溝通。說故事的人在構思及傳達資料故事時，是不可或缺的要角。事實上，敘事的成敗取決於，你是否有能力執行以下的任務與職責：

布羅德街水泵的沃羅諾伊圖

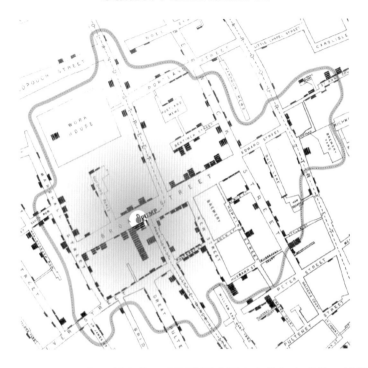

圖 4.13 斯諾醫生繪製的蘇活區霍亂爆發圖上有條紅色虛線，該線顯示布羅德街水泵的影響範圍。每個霍亂的死亡病例都是以一個黑條標記。虛線以外的人離另一個水泵比較近，但因為布羅德街的水泵比較熱門，它的影響可能超出了那條虛線。

資料來源：http://johnsnow.matrix.msu.edu/work.php?id=15-78-55，公版圖。

- **找出關鍵的見解**。說故事的人有責任直接或間接地找到有意義的資料見解，並判斷是否有必要把那個見解塑造成資料故事，與他人分享。

- **盡量減少或消除偏見**。每個人先天都有偏見。重要的是，注意你有什麼偏見，並盡量讓你的資料溝通顯得客觀。

- **獲得足夠的背景資訊**。在講述資料故事以前，應該要有充足的脈絡或背景知識，以確保你的見解有意義，能獲得受眾的共鳴。

- **了解受眾**。每個見解都會吸引特定的受眾。你需要為目標受眾量身打造內容。

- **策劃資訊**。身為說故事的人，你要運用判斷力來決定哪些資料應該納入故事中，哪些資料不該納入。資訊太多會讓受眾吃不消，但資訊太少可能無法吸引他們關注。

- **整合故事**。你構思資料故事時，需要決定故事如何演進，以及不同的元素如何組合在一起。資訊的組織或結構，可能跟原始的資料一樣重要。

- **提供解說**。說故事的人要引導受眾穿越資訊，並幫受眾了解與解讀資料。你為數字增添個人看法時，也因此變成故事的重要一環。

- **選擇圖像**。有多種圖表與視覺化方式可選時，你的設計決策將決定受眾對關鍵見解的觀感與了解。在這方面，你有很大的影響力，因為一個資料集有多種視覺化的方式，而且傳達的訊息截然不同。

- **增加可信度**。說故事者的聲譽與專業知識，可為數字帶來可信度與權威。如果別人覺得你不值得信任或偏見太深，原本合理的資料故事，可能因你而大打折扣。

仔細觀察，我們很難把說故事者和故事分開來看。一個人之所以利用視覺敘事來分享見解或想法，是因為那個發現令他豁然開朗。資料故事永遠不可能只是為了傳播任意收集的事實。每個資料故事都是由關心數字、覺得應該拿出來分享的人，所構思及講述的。我們可以從資料敘事者構思的精彩敘事與圖像中，感受到他的存在；也可以從他對那個見解的信念，以及為了看到資訊獲得了解、接納，並促成行動所做的積極宣傳中，感受到他的存在。

　　資料溝通的方式可能改變資料敘事者的故事參與度，以及他與受眾的互動。有些情況下，資料是**直接**傳給受眾。例如，斯諾醫生向在地的領導者陳述汙水的事實，以主張拆卸水泵的把手。在這些場景中，說故事者在現場引導受眾了解其見解，說明那些見解的意思，並直接回答問題。如今，這種**雙向**溝通的形式，在多數資料簡報中很常見（見下頁的圖 4.14）。你對受眾直接做簡報時，有機會觀察他們對見解的反應，並評估他們的參與度。你也可以靈活地調整速度，例如跳過內容以加快速度，或放慢速度以深入探索某個資料點。在這些直接的情境中，資料敘事者是傳遞故事內容的主角。

　　不過，你想接觸更廣泛的受眾時，不見得可以直接向每個人或以小組的形式，陳述你的發現。你必須使用**間接、單向**的方法來分享故事，例如報告、影片、資訊圖表或文章。這些方法可以更廣泛地傳播，方便受眾觀看與吸收。比方說，南丁格爾與斯諾常依靠各種印刷品，向更廣泛的受眾傳播其想法與訊息。若你無法親自引導受眾了解內容，文字就會取代你的口頭表達。不過，即使是採用間接的方法，你依然需要預期受眾的需求，並以合理的方式來構思內

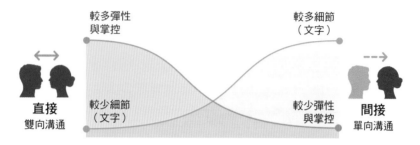

圖 4.14 　在直接溝通的場景中，說故事者握有較多的掌控與彈性。你可以直接傳達內容，不需要提供太多的細節或文字。然而，在間接的場景中，由於你不在現場講故事，情況會相反。你沒有那麼多彈性，必須以更多的注解（文字），來解釋你的見解。

容，但你也必須提供充足的注解，以確保受眾了解你的見解。例如，如果你無法直接說明圖表，圖表的注解就顯得更加重要。本質上，透過文字說明，你身為資料敘事者的影響力是嵌在資料故事中。雖然你在間接的情境中沒那麼明顯突出，但受眾會感覺到，整個資料故事從頭到尾，你都在「後台」引導。

小心投影文件

　　2006 年，《簡報禪》（*Presentation Zen*）的作者賈爾·雷諾茲（Garr Reynolds）自創了「投影文件」（slideument）這個詞，指投影片與文件的結合（Reynolds 2006）。很多人常用

這種混合式簡報，來因應直接與間接的溝通需求。所以那既是親自簡報的投影片（直接），也是詳細的報告，可作為參考資料或講義來分享（間接）。製作單一文件以同時滿足這兩種需求，看似很有效率，尤其你知道簡報完後，還需要提供個別資料的時候。

然而，雖然投影文件可能比較視覺化，製作起來比較快，也比一般報告更平易近人，但這種檔案**永遠不該**拿來做簡報，只能閱讀。在投影文件中添加更詳細的文字，是為了彌補**說故事者不在場**。如果拿投影文件來做簡報，受眾難以同時閱讀文字並聆聽說故事者。那些增添的細節非但沒有強化你的資料敘事，還會干擾你的口頭訊息。如果你預期受眾需要一份講義，最好是製作兩個版本：簡報版的文字較少，講義版的細節較多。只用一個簡報版本來因應兩種用途，只會為你和受眾帶來失望的經驗。

未來，科技可能以 AI 的形式，擔任資料敘事者的角色，從不同的資料來源編寫有意義的資料故事。1950 年，英國數學家艾倫・圖靈（Alan Turing）發明了圖靈測試，以測試電腦是否具有與人類無異的智慧。雖然機器可以模仿資料敘事所涉及的一些任務，但機器要媲美人類的敘事能力，還需要一段時間。

機器敘事還無法媲美人類的部分原因，在於許多科技公司似乎還不明白，資料敘事究竟涉及什麼。例如，自然語言產生（natural language generation，NLG）的供應商，號稱他們的工具能把資料轉換為文本。有趣的是，他們認為資料視覺化反而令人困惑或難以吸收，他們說一般人更喜歡可閱讀的自動化文本。然而，描述性的文本需要花數分鐘閱讀，設計良好的圖表只要花幾秒鐘就一目了然，那種描述性的文本根本不代表自動化的資料敘事已經快出現了。那就像電子郵件功能故障，轉而提倡使用有 Wi-Fi 功能的傳真機一樣。雖然先進的 NLG 技術將是未來自動化資料敘事的關鍵元素，但它的焦點需要從簡單的**描述**資料，擴展為**解釋**資料，那是比較難達到的更高標準。

我們已經開始看到自動化敘事的潛力。2017 年 11 月，在亞馬遜的「AWS re:Invent」大會上，科技公司 AGT/HEED 宣布他們與終極格鬥冠軍賽（Ultimate Fighting Championship，UFC）聯盟合作，利用物聯網和 AI 來提供更精彩的格鬥報導（Bradley 2018）。他們從格鬥者的手套與八角形地板上的感應器、攝影機、麥克風，來收集即時資料。AGT/HEED 的創辦人馬提・科卡維（Mati Kochavi）指出，該平台可藉此從一場格鬥中產生 70 種見解（見圖 4.15）。當然，它的優點不單只是方便講故事而已，內華達州運動委員會批准在 UFC 219 上，使用手套感應器做初步測試，以幫忙解決格鬥者的安全與腦震盪問題。這項充滿前景的新技術，能不能把所有的資料點濃縮成主要的見解，並講述引人入勝的故事，可說是檢測其說故事能力的真正考驗。

2016 年，《華盛頓郵報》開發了名為「Heliograf」的自動敘事技術。這家媒體公司設計這項技術的目的，是為了把技術套用在高

圖 4.15　新的 AI 敘事技術將改變我們觀賞運動賽事的方式。AGT/HEED 與 UFC 之間的合作，將為分享自動化的即時見解奠定基礎。以後在比賽期間與之後，就能與綜合格鬥的粉絲分享自動化的即時見解了。

資料來源：HEED 許可轉載。

中足球或選舉結果等本地話題上，以自動化的新聞報導來鎖定較小的受眾。Heliograf 推出以來，已經發表了約 850 篇的短文（Moses 2017）。Heliograf 是根據編輯創造的敘事模版，把相關的資料和對應的片語或關鍵字配對在一起，以產生故事及發布報導（Keohane 2017）。《華盛頓郵報》的技術長史考特・吉雷斯比（Scot Gillespie）表示：「對新聞編輯室來說，Heliograf 這種技術是革命性的，它大幅擴展了報導的廣度，讓記者可以更專注在深度報導上」（WashPostPR 2017）。雖然這項技術目前把重點放在廣度上，但以後可能會演變，用於更深入的內容。目前，人類依然是主要的說故

事者，但我們會看到越來越多的技術用來增強我們說故事的能力，幫我們發現及講述更好、更豐富的資料故事。

為受眾量身打造資料故事

你需要先知道觀眾在想什麼，知道他們會接受你說什麼。

—— 演員巨石強森

資料敘事者可能犯下的一大錯誤是：不了解受眾。事實上，你與受眾脫節，是最快摧毀資料故事的方法。雖然我們不見得會意識到這點，但受眾在塑造資料故事的焦點與方向方面，扮演重要的角色。為了說明這點，我們假設你獲邀為一群你不認識的羅賓漢粉絲，主持一場電影之夜。雖然羅賓漢系列電影有多種選擇（見圖 4.16），但你不了解受眾時，很難挑出最適合的影片。儘管每一部羅賓漢電影都是描述同一個著名的英國逃犯，但它們各自以獨特的方式講述相同故事，以吸引特定的受眾。在不了解目標受眾之下，你可能挑了不適合的電影，例如向一群 6 歲孩童放映羅素・克洛（Russell Crowe）主演的 2010 年輔導級電影。

理想的情況下，在開始分析之前，你的心中已經有受眾了。不過，有時你可能出現意想不到的見解，因而吸引到不同的人。但首先，你的資料故事需要找到合適的受眾。最好的情況下，你是跟有影響力或有權力改變情況的人分享，不分個人或群體。接著，你需要思考，如何為目標受眾量身打造資料故事。以下是影響你塑造資

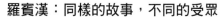

羅賓漢：同樣的故事，不同的受眾

電影名稱	年分	演員	分級級別	IMDB 分類		IMDB 分數
Robin Hood	1922	Douglas Fairbanks	保護級	家庭	愛情	7.5
The Adventures of Robin Hood	1938	Errol Flynn	保護級	動作	愛情	8.0
The Story of Robin Hood	1952	Richard Todd	普遍級	動作	家庭	6.9
Robin Hood	1973	Brian Bedford	普遍級	動畫	喜劇	7.6
Robin and Marian	1976	Sean Connery	保護級	劇情	愛情	6.6
Robin Hood: Prince of Thieves	1991	Kevin Costner	輔導級	動作	劇情	6.9
Robin Hood: Men in Tights	1993	Cary Elwes	輔導級	喜劇	歌舞	6.7
Robin Hood	2010	Russell Crowe	輔導級	動作	劇情	6.7
Robin Hood	2018	Taron Egerton	輔導級	動作	驚悚	5.3

圖 4.16　雖然每部冒險電影都是以羅賓漢的故事為主題,但它們各鎖定不同類型的受眾。你在講述資料故事時,必須決定目標受眾是誰,以及如何為他們量身打造故事。

資料來源:IMDB。

料故事的八個受眾考量:

1. **關鍵目標與優先要務**。如果你了解什麼對受眾很重要,你就可以確保你的資料故事跟他們有關,對他們有意義。無論你的見解多有趣或多獨特,都必須與受眾在乎的事情有關。例如,如果你的目標受眾是一群想要提高銷售業績的高階主管,你就很難用跟業績無關的話題來吸引他們。重要的是,你要確保你的故事呼應受眾的關鍵目標與優先要務,這樣才不會浪費你或他們的時間。

2. **信念與偏好**。受眾對不同的議題往往已經有定見、假設或立場。事先知道受眾對你的觀點抱持什麼態度(是接受、抗拒,還是中立),會影響你準備與講述故事的方式。亞里斯多德曾精闢地說過:「傻瓜對我說他的理由;智者則用我的

觀點來說服我。」此外,你可能需要思考,受眾吸收資料時,有什麼獨特的偏好。有些受眾希望看到 PowerPoint 簡報;有些受眾可能比較喜歡閱讀詳細的報告;有些受眾或許習慣看到某種形式的資料視覺化(長條圖),討厭不熟悉的形式(散點圖)。而敏銳地觀察受眾的信念與偏好,有助於構思及精簡資料敘事。

3. **特定的預期**。你分享資料故事時,受眾可能對內容有預先的概念,希望從你的故事中獲得一些問題的解答。如果你沒注意到這些預期,你與受眾之間的脫節可能令對方失落,最後導致雙方都失望。可能的話,你必須事先預測受眾的問題,並把深思熟慮的答案融入資料故事中。如果受眾的期望與你的資料故事不符,恐怕就需要重新評估資料故事的焦點。

4. **合適的時機**。在第 2 章中,「以時服人」是源自亞里斯多德《修辭學》的說服形式之一,它強調在適切的時機與地點提出論點或想法很重要。然而,即使是向適切的受眾提出見解深刻的資料,**也可能不合時宜**。例如,受眾的責任或優先要務變了,導致你提出見解的時機不對。因此,根據具體的情況,如果對方興趣濃厚,你可能想要提前分享資料故事。或者,等出現更緊迫的問題或擔憂時,再分享故事更合適。

5. **熟悉的話題**。受眾擁有不同程度的領域知識與專業技能。如果受眾對資料故事的主題不像你那麼熟悉,你可能需要花時間解釋關鍵概念,並在深入探索見解之前,先提供充足的背景知識。比如,如果受眾對行動行銷(mobile marketing)所知

甚少,而行動行銷正是你的分析重點,你需要在說明如何提升行動行銷的效果之前,先提供一些背景資訊。然而,如果受眾對行動行銷已經很熟悉,你可以直接深入討論你的見解。他們熟悉主題時,可能會提出更深入的問題,也會需要更詳細的資訊。

6. **資料識讀力**。有些受眾不會花很多時間與資料互動,甚至可能被數字嚇到。受眾比較不懂資料時,你需要少提細節,避免使用不熟悉的術語。如果你不精挑細選分享的資料,他們會覺得疲勞轟炸,消化不良。此外,不要期望受眾了解統計或分析術語,你需要小心把技術詞彙或數字轉譯成他們能夠理解的商用說法。然而,就算是向了解資料的受眾演講,也不表示你能用大量資料轟炸他們。即使是資料專家,也喜歡簡潔易懂的資料故事。另一方面,面對善於分析的受眾,你需要做額外的準備,因為他們可能會質疑你的見解。

7. **資歷水準**。資深高階主管的時間非常寶貴,他們在知道是否值得投入時間以前,通常沒有耐心或精力,去了解完整的資料故事。他們往往期待先有一份摘要,而不是看長篇報告或簡報。然而,摘要的缺點是會破壞資料故事的強大敘述結構。試想一下,你為莎士比亞的《羅密歐與茱麗葉》寫份摘要:「兩個主角因溝通不良及時機不對而自殺。」對多數人來說,這樣做會毀了那個史詩般的故事。在第 6 章,我將討論因應摘要挑戰的策略。

8. **受眾組合**。你分享見解時,可能面對多元的受眾。他們有不

同的背景、興趣、目的，需求也可能相互衝突，要在他們的需求之間拿捏平衡恐怕有點困難。例如，目標受眾中有業務人員，也有技術人員。然而，業務經理感興趣的策略考量，對技術人員沒有多大的吸引力，後者想花較多的時間看技術細節。當你遇到需求不同的受眾，可以提前告知每個群體，他們將在何時、何地，以及如何獲得他們想要的資訊。或者，你可能覺得為每個群體各自準備量身打造的故事版本最好。

資料視覺化專家塔夫特曾說：「如果統計資料很無聊，那表示你抓錯數字了。」這句話在某些情況下可能是真的，但有時候或許只是找錯了受眾。關鍵問題在於：**你有多了解受眾？**你對受眾越了解，越能根據他們的需求與興趣，量身打造資料故事的內容。如果你發現自己並非真的了解受眾，你可能需要在分享故事以前，先去了解他們。了解受眾不僅會影響你講述資料故事的方式，也會影響說故事的成效。

善用會前會

在商業環境中，改變或許很難，權勢角力與缺乏支持可能壓制或扼殺好點子。如果大家覺得你的見解有爭議或有破壞性，你可能需要更審慎地溝通，以克服阻力及獲得支持。在這種情況下，一種有效的策略是先找關鍵人物開「會前

會」（pre meeting）。在向群體簡報之前，先跟那些關鍵人物討論你的發現。這種方法讓你有機會找出潛在盟友與反對者。如此一來，在最終向整個群體簡報時，你心裡就有個底，知道哪些重要決策者支持、或反對你的見解。

此外，與關鍵人物開會時，你也會得到寶貴的意見，那些意見會讓你知道，如何加強及精進資料故事。例如，他們發現你的分析有漏洞，或為你發現的問題推薦更好的解決方案。或者，他們知道重要決策者的優先考量與偏好，或誰對資料最感興趣。會前會可能需要額外的準備，因為你需要針對每個人的觀點與興趣調整內容。然而，多次分享資料故事之後，你不僅可以把敘事變得更豐富，也可以精進敘述技巧。

最適合資料敘事的甜蜜點

說故事是人類的基本活動。情勢越艱難，越有必要說故事。

——作家提姆‧歐布萊恩（Tim O'Brien）

資料故事是分享見解的強大工具。然而，不是所有的見解都需要構思成故事。畢竟，準備及構思資料故事需要花時間，也勞心費神，而且那又發生在你已經花很多時間分析資料，才找到關鍵見解之後。既然不是每個見解都需要「講述故事」，你可以根據每個發現的性質，精挑細選適合構思故事的見解。顯然，某個發現是否值

得轉變成資料故事，是看見解的**價值**而定。例如，如果某個商業見解可為公司節省許多成本，那很可能值得你花時間去構思資料故事。然而，不是所有高價值的見解，都必須轉化成完整的資料故事。你也必須考慮受眾了解及接受那個見解的**難易度**。在為見解建構資料故事之前，你可以考慮底下幾個可能影響作法的標準：

- **討喜 vs. 不討喜**。如果你的發現對受眾有利或是他們可接受的，他們不太需要說服就會接納。然而，誠如上一章所示，人們對自己不喜歡的資料特別挑剔。比方說，如果你分析新的員工挽留計畫後，發現那個計畫效果不彰，你要讓開發及實施那個計畫的人相信你的分析就比較難。

- **傳統 vs. 顛覆性**。若你的見解符合傳統的做事方法，受眾對你的見解會比較熟悉、放心。然而，一旦你的見解顛覆或打破傳統，受眾會比較難以接受或了解。比如，對組織來說，啟動全新策略遠比改善現有作法更令人畏懼。

- **預期 vs. 意外**。你的見解證實了受眾的預期結果時，就不太需要費力解釋。然而，結果若是不如受眾預期，那就需要更多的解釋，受眾才會明白發生了什麼。沒有人喜歡壞消息，但即使是未達預期的正面結果也可能有問題。例如，產品團隊對新功能的發布相當興奮，但新功能揭曉後，客戶若是反應冷淡，他們會感到驚訝與失望。如果沒有資料故事可以依靠，這個產品團隊可能難以理解，為什麼大家對新功能反應冷淡。

- **簡單 vs. 複雜**。如果見解簡單易懂，或許就不需要塑造成資料故事。事實上，那樣做還會干擾它直接溝通的能力。相反的，如果是多面向的複雜問題，受眾可能需要專家的說明與指引才能了解。資料故事可以把複雜的見解，分解成更好掌控的組件，讓受眾循序漸進地了解。

- **安全 vs. 風險**。如果提出的見解是主張改變很安全，你會發現大家支持見解的疑慮較少。例如，如果見解呼應執行長目前的觀點，他的領導團隊會更有意願採納那個見解。然而，若該見解與執行長的立場相左，他的領導團隊可能不想賭上個人職涯去支持那個見解。無論從個人、還是組織的觀點來看，風險越高，資料故事就需要說服越多的人接受數字。

- **平價 vs. 昂貴**。有些見解的執行成本比較便宜，在那種情況下，不太需要說服受眾，因為多數人會覺得不按照見解行事很傻。即使落實見解的效果不如預期，測試也不會花太多的成本。然而，有些高價值的見解執行起來代價高昂。舉例來說，分析顯示生產力可能大幅提升，但前提是必須為新技術投入大筆資金。有些人可能認為投資風險太大，因為見解不一定會產生預期的報酬。

- **直覺 vs. 反直覺**。你的見解呼應受眾的直覺時，受眾更容易接納。相反的，見解不符合常識或某人的直覺時，可能難以克服人性。這種情況下，你必須動用說故事的力量，想辦法說服受眾從新的角度思考資訊。事實上，如果你的見

解有悖直覺，講資料故事可能是讓受眾改觀的唯一機會。遺憾的是，我到職涯後期才發現這點。

美國神話學家喬瑟夫‧坎伯（Joseph Campbell）曾說：「如果你要寫故事，就放手寫宏大的故事，不然就別寫了。」同樣的理念也可以套用在資料敘事的見解上。如果想分享寶貴的見解，你可能需要構思資料故事，讓大家正確地了解及接納它。事實上，在見解的潛在影響與見解的類型（難 vs. 易）之間，有一個甜蜜點叫做「**故事區**」（Story Zone），那是最適合資料敘事的地方（見圖 4.17）。它涵蓋的區域是：見解價值「中到高」，見解類型偏「難」（原因如

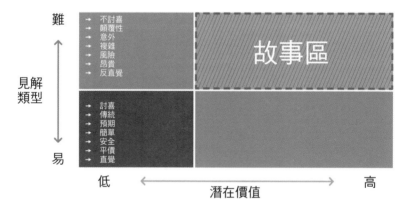

圖 4.17　如果見解落在故事區（難／中高價值），你應該以資料故事的形式來溝通。如果見解落在故事區之外，就不見得要使用資料故事。它也許不值得你花額外的時間與心力（難／低價值），或者受眾可能不必靠資料故事，就能理解及接納（易／中高價值）。

上述）。雖然資料故事不見得能克服所有的阻力因素，但那是你用數字來說服受眾的最好機會。

　　本書一開始，我分享了某次親身經歷：我發現了見解，那個見解挑戰了當時電子商務部門根深柢固的作法。調查資料顯示，客戶不需要或不喜歡公司提供的某種出貨選項。我自己保守估計，該見解至少有中等價值。那可能促使公司重新評估當前的作法，發現更好的出貨選擇，而且也是客戶真正喜歡的。不過，由於那個見解與部門的既有信念互相衝突（最重要的是，與部門領導者的想法有衝突），大家覺得它有顛覆性，可能出乎意料，有風險，反直覺。遺憾的是，當時我不知道我應該花更多的時間，為那個見解構思資料故事。那個見解甚至在我說明以前就夭折了。現在你不會犯那種錯誤了，你已經準備好，把見解變成有吸引力又有說服力的資料故事。在下一章，我們將從「資料」開始看起，那是每個資料故事的基本組件。

Chapter **5**

打下資料故事的地基

「資料！資料！資料！」他不耐煩地嚷嚷：「沒有泥，我怎麼造磚？」

——《福爾摩斯》作者道爾爵士（Arthur Conan Doyle）

　　2015 年，一群德國研究人員得出一項驚人的發現：吃巧克力可以減重。研究人員對一群年齡介於 19 歲到 67 歲的成人，做了為期三週的臨床測試，並把他們分成三組：低碳水組、低碳水外加每天一條巧克力棒、對照組。飲食與健康研究所（Institute of Diet and Health）研究總監約翰尼斯‧博漢南博士（Dr. Johannes Bohannon）發現，每天吃黑巧克力的低碳水組，體重下降的速度快了 10％。該團隊的研究論文發表在《國際醫學檔案》（*International Archives of Medicine*）上，德國《圖片報》（*Bild*）、英國《每日星報》（*Daily Star*）、《愛爾蘭檢查者報》（*Irish Examiner*）等多家媒體，都報導了這項研究發現（見圖 5.1）。

　　然而，那項研究其實是部探討垃圾科學的紀錄片，所策劃的騙

巧克力能加速減重！

研究揭示，低碳水飲食搭配巧克力，如何幫助你
瘦得更快。

分享：

圖 5.1　多家媒體報導，德國研究人員對於巧克力有益健康的研究發現。

局。那部影片的製作人想證明，把糟糕的科學變成媒體爭相報導的
飲食熱潮有多麼容易。博漢南博士其實是科學記者約翰・博漢南
（John Bohannon），他確實有分子生物學的博士學位，只不過他不
是研究人類，而是研究細菌。而且，飲食與健康研究所也只是虛構
的網站。儘管臨床試驗符合科學性，但結果令人懷疑，因為樣本數
有限，僅 15 人。從科學期刊到新聞媒體，沒有人質疑這個微小、
但關鍵的細節（科學期刊雖有嚴格的「同儕審查」，但只收 600 歐
元就願意刊登那篇研究）。博漢南解釋：

　　這裡有個卑劣的科學小秘密：只要你衡量一小群人的許多東
西，幾乎一定會得到「統計顯著」的結果。我們的研究測量了 15
個人的 18 項資料，包括體重、膽固醇、鈉、血蛋白質、睡眠品

質、健康狀況等等（一位參試者退出研究），那樣的研究設計是獲得「假陽性」結果的訣竅。

把那些衡量想像成彩券。每個衡量項目都有很小的機會可以出現「顯著」的結果，讓我們編造故事，再賣給媒體。你買的彩券越多，越有可能中獎。我們不知道哪個項目會中（也就是說，新聞標題可能是巧克力可改善睡眠或降低血壓），但我們知道，得到至少一個「統計顯著」結果的機率很高（2015 Bohannon）。

在這個例子中，研究人員知道他們的結果是無效的。事實上，他們的目的就是為了指出這種拙劣的科學。作家萊特（Light）、辛格（Singer）、威列特（Willett）在探討研究設計的著作中，坦率地指出：「你無法靠分析，來修正你在設計上搞砸的問題」（Light, Singer, and Willett 1990）。在上例中，巧克力膳食研究的基礎早在任何分析或敘事之前，就動搖了。它說明了資料故事的效果完全看它採用的資料基礎而定。只要分析時不小心，有缺陷或薄弱的資料就可能破壞你為了構思資料故事，而投入的一切苦心。資料基礎崩潰時，你只剩一個對你及受眾都毫無助益的誤導性敘事。

本章的目的，**不是**教你如何分析資料。圖書館有大量的書籍說明不同的分析技術與工具。在這一章中，我假設你已經有能力找到見解（獨自找到，或是在資料專家或智慧型機器的幫助下找到）。無論你的見解是來自檢閱簡單的資料表，還是來自建立進階的統計模型，它都將面臨同樣的挑戰：讓人正確地了解與接納。本章的第一部分，是確保你在考慮構思資料故事以前，有可行、有意義的見

解。第二部分是確保你（亦即見解的發現者），不會在無意間干擾見解的有效溝通。

兩大標準，檢驗資料故事的建材

你該注意的不是建築的優美，而是經得起時間考驗的地基。

——作曲家大衛・亞倫・柯（David Allan Coe）

資料點是每個資料故事的基本組件。如果你正在建造新家，你會確定你是使用優質的混凝土來打地基。雖然建商可能選用不適合或便宜的混凝土來偷工減料，但那不是長期成功的策略。建商終究會為了偷工減料而付出代價。比方說，客戶的負評所造成的保固成本上漲，以及未來生意的流失，都將導致建商得不償失。同樣的，由於你是資料故事的建築師、也是營造者，你需要確保你的見解是根據**相關**且**可信**的資料。就像不適合或有缺陷的建材會削弱建築物的地基一樣，從不相關或不可靠的資料所衍生的見解，也會毀了精心設計的資料故事。

相關性

你的見解是不是以最相關、最恰當的資料為基礎？資料的相關性取決於你想用資料解決的問題類型。資料若要相關，它必須能夠套用在你想分析與理解的情況或問題上。資料與當前主題的關聯越直接，它可能衍生的見解越多。在回答最初一組問題之後，資料可

能需要擴大或深化，以回答後續的問題。你需要評估你的資料（就像好的地基），是否能夠支撐整個資料故事的廣度與高度。

舉例來說，你與一群鳳凰城的投資者分享有趣的房地產趨勢，如果你的見解是以亞利桑那州鳳凰城的實際市場資料為基礎，你的見解會更相關、更適用，也更有影響力。如果你的見解是以其他地區的資料（例如：內華達州的拉斯維加斯、德州的奧斯丁），或全國的統計資料為基礎，鳳凰城的受眾可能會質疑同樣的趨勢是否適用在當地。此外，資料的新鮮度或時效性也會影響其相關性。資料可能時效很有限，而且隨著時間經過，變得越來越沒用。例如，鳳凰城三年前的市場資料，就不像過去 6 到 12 個月的資料那麼實用。儘管鳳凰城的歷史發展趨勢可能是不錯的背景資訊，但投資者比較重視近期的結果，而不是三年前或更早之前的狀況。

通常，你不可能找到最理想的資料，來回答每個商業問題。那種資料可能不存在，因為沒有人收集。又或者，那種資料可能存在，但你拿不到，因為那是另一個組織的專屬資料。即使你握有正確的資料，但它說不定有可靠性或完整性的問題，導致你無法使用。在那些情況下，你恐怕需要使用不太理想的資料集。它們可能不是那麼相關或合適，但或許更容易取得或更可靠。如果受眾知道資料很難取得，他們可能會感謝你願意探索其他相關的資料集。或者，受眾看到你不是採用他們所想的資料時，而不願接受你從那些資料衍生的見解。在構建資料故事之前，先了解受眾及他們對相關性的接受度很重要。

可信度

　　你的見解是不是以準確可靠的資料為基礎？值得信賴的資料是正確或有效的，沒有重大的缺陷。資料的可信度，是從源頭妥善收集、處理、維護資料開始做起。然而，分析過程中，處理資料的方式也會影響資料的可靠性。畢竟，原本純淨的資料可能在無意間失去完整性與真正的意義，這主要是看分析與解讀的方式而定。比方說，計算一組平均數的平均值，就會算錯真正的統計平均值。或者，把數字從系統複製到試算表上時，位置錯置，也可能會導致算錯、並得出錯誤的結論。沒有資料是完美的，每個資料集都有不完美之處。但是，你應該努力確保你與資料互動**之前**與**之後**，資料盡可能維持純淨、完整、可靠。

　　幾年前，在網路行銷的早期，一位產品行銷經理稍微調整了產品的主登錄頁面，以便搜尋引擎導入更多的流量。不久之後，他看到產品頁面的流量激增了。他馬上把圖表列印出來，讓公司裡的每個人（包括行銷副總），都知道他在搜尋引擎最佳化（SEO）方面的成就。遺憾的是，不到 5 分鐘後，分析師發現，流量激增其實是網站追蹤工具造成的。那個工具正在做測試，對產品登錄頁發送了許多人工流量。由於網頁流量的激增正好呼應了那位行銷經理想講述的故事，他忘了先驗證故事是否真實。然而，妄下結論不僅導致自己難堪，也使他在組織內失去信譽。

　　你無法保證你的資料沒有缺陷，但你應該竭盡所能確保受眾相信你的見解。大部分的人不會刻意想用資料來欺騙或操弄他人。相

反的，粗心是比較常見的問題，但粗心對資料故事同樣有害。第 2 章提過亞里斯多德的「以德服人」，你身為資料敘事者的能力與角色，會直接影響受眾是否相信與接納你的見解。你確保資料的準確性與可靠性時，不僅你的故事得到信任，**你也獲得信任**。這一點很重要，因為受眾需要對你有信心，才為進一步接納你的見解。

第 3 章提過，一般人難以接受與當前信念或觀點互相衝突的資訊。善於分析的受眾，甚至還會質疑那些「好到難以置信」的見解。資料的有效性通常是受眾第一個質疑的問題，所以你要準備好為你的資料辯護。在某些情況下，你可以把佐證的細節加入故事中，或是放在附錄中。有人提問時，就馬上拿出來佐證。最終，說故事者與受眾的關係，是建立在信任的基礎上。即使受眾可能不全盤接受你的見解，他們還是會尊重你的觀點與專業，尤其你預先考量到他們對資料的疑慮時，更是如此。

走出資料迷宮的 4D 指引

計算的目的是為了得到見解，而不是數字。

——數學家理查·漢明（Richard Hamming）

在考慮構思資料故事之前，你必須先有值得分享的見解。資料故事的基本要素就是核心見解，或稱主要見解。資料故事若是沒有重點，就會缺乏目的、方向、凝聚力。核心見解是統一的主題（以旨服人），它把你的各種發現匯集起來，引導受眾朝著資料故事的

焦點或高潮邁進。不過，有時可用的資料越多，見解反而更難以捉摸。畢竟，無關的資料與周邊的資料所衍生的雜訊，會干擾你從核心發掘重要訊號的能力。

你需要有能力針對數字提出正確的問題，而不是迷失在大量資料中。法國哲學家伏爾泰曾說：「判斷一個人，不是看他的回答，而是看他的提問。」這句話突顯出提問的重要。你接觸資料時，提問的品質會影響你從中發現的見解價值。資料科學家希拉蕊‧梅森（Hilary Mason）與帕蒂爾（D.J. Patil）在著作《資料驅動》（*Data Driven: Creating a Data Culture*）中，肯定了這項關鍵技能。而提出正確問題的能力，「涉及領域知識與專業技能，外加發現問題、查看可用資料，並把兩者兜在一起的敏銳能力」（Patil and Mason 2015）。沒有足夠的領域知識與背景知識，就很難提出正確的問題並發現有意義的見解，即便是資料科學家與分析師也束手無策。

雖然一個問題可以讓你展開探索資料的任務，但是光有問題還不夠。在古希臘神話《忒修斯與牛頭怪》（*Theseus and the Minotaur*）中，年輕的希臘英雄忒修斯自告奮勇進入米諾斯國土的迷宮，作為獻給牛頭怪的祭品。忒修斯決心徒手殺死牛頭怪，以終結雅典每九年就要獻祭的義務（送一群年輕人給米諾斯國王的怪物吞食）。他的船抵達克里特島時，國王的女兒阿里阿德涅（Ariadne）愛上了這位英俊的雅典王子。忒修斯進入迷宮之前，公主偷偷遞給他可以繫在迷宮入口的線團。阿里阿德涅知道，即使忒修斯真的徒手殺了牛頭怪，要是沒有線引導他回來，他也無法找到走出黑暗迷宮的路。忒修斯雖有目標（殺死牛頭怪），但他沒有完整的計畫（逃離迷宮）。

你分析資料時，可能常有置身迷宮的感覺，彷彿有多條路徑可走。而正確的問題，則能為你提供方向與目的。儘管如此，你還是需要一張地圖，以指引你安全地投入資料及離開。如果你對於如何提問沒有做好充分的準備，就很容易迷失在過程中。基本上，你針對資料所提出的每個問題，都應該與關心那個答案的受眾有關。如果你對受眾相當了解，可以套用簡單的架構，名叫4D（four dimensions，亦即四個面向），那可以作為你在資料之間穿梭的指引。有了目標受眾以後（行銷長、電子商務團隊、投資者、分公司經理等等），你可以使用四個相互連結的面向，即問題、結果、行動、衡量，來維持你對資料的掌握度，並突顯出分析的重點（見圖5.2）。

以 4D 架構來尋找有意義的見解

圖 5.2 針對每個獨特的受眾，4D 架構的四個面向可為你提供重要的背景資料，讓你的分析更有重點。

問題：受眾想解決的關鍵挑戰或議題。那通常是他們想做得比現在更有效率或更好的事情。

結果：受眾想達到的策略目標，或期望的最終結果。如果問題代表**當前**發生的事情，結果就代表大家偏好的**未來**狀態。結果（特定的目標）越明確，對分析越有幫助。

行動：受眾為了解決問題或達到預期的結果，而實施的關鍵活動與策略計畫。這些行動試圖縮小組織「目前的狀態」，與「期望的未來狀態」之間的差距。

衡量：用來突顯問題、追蹤計畫的效果、定義結果達成度的關鍵衡量指標與其他資料。

你每天使用的 GPS 裝置就是一例，它顯示這四個面向如何幫你巧妙地穿梭在資料迷宮中，並找到問題的答案（見下頁的圖 5.3）。你的起點通常是為了探索某個出狀況的東西（**問題**），那通常反映了受眾的現狀。你的目的地是更好的**結果**，或問題已解決的未來狀態。為了達到目的地，你選了一條路徑或方法。就像在 GPS 裝置上挑選交通工具或路線一樣，你需要關注受眾為了達到想要的結果，而正在執行的**行動**或策略計畫。為了衡量邁向目標的進度，你需要使用不同的**衡量指標**或參數，以顯示受眾已經走了多遠，以及他們還需要再走多遠。對於每個分析場景，你越了解特定受眾的這四個面向，就越能以正確的方式提問，並找出實用的見解。

無論你是資料新手、還是專家，你可能會質疑那四個面向是否真的有必要。如果時間不是問題，你可以盡量花時間從資料中尋找

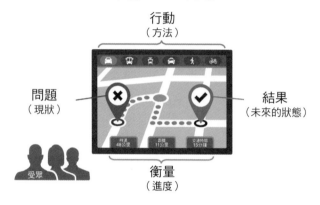

4D 架構：GPS 比喻

行動
（方法）

問題
（現狀）

結果
（未來的狀態）

受眾

衡量
（進度）

圖 5.3　GPS 這個比喻顯示，4D 架構如何幫你為特定的受眾做分析。為了避免在大量資料中迷失，你應該了解受眾的起點（問題）、目的地（結果）、路線與交通工具（行動）、實現目標的進度（衡量）。

見解。然而，你可能有大量的資料，但時間不多。而這四個面向都可以幫你保持專注，並減少你為問題尋找答案的時間。

- **為什麼你需要知道問題**？你越了解問題及其後果，就越有可能發現其潛在原因。如果你無法清楚、自信地闡明問題，你的調查會變得迂迴曲折，難以找到潛在的解決方案。例如，你正在探索如何為 B2B 事業，找到潛在客戶。如果你不了解核心問題，可能會在錯誤的地方尋找答案。在深入研究數字之前，你可能想要與受眾討論這個問題，以獲得更多的背景知識與方向。只要你肯花時間去訪問關鍵的利害關係人，他們通常不介意分享自己面臨的挑戰。

你的分析可能帶你踏上意想不到的道路，但有扎實的起點與基本的了解，對你的敘事成效非常重要。

- **為什麼你需要知道結果**？了解預期的結果或目標狀態，可以幫你衡量到目前為止的成果，以及還需要完成什麼。你可能知道問題所在，但如果沒有預期的最終結果或目標，你很難知道問題必須解決到什麼程度。回到前面那個 B2B 潛在客戶的例子，增加潛在客戶 25 ％和增加一倍（成長 100 ％），有很大的差別。在深入分析之前，你應該先確定結果或目標是什麼，即使你必須代表受眾設定或假定合理的目標。

- **為什麼你需要知道行動**？你的分析通常跟關鍵行動或策略計畫有關，因為它們代表目前為了實現預期的結果，而採取的實際對策。例如，B2B 行銷團隊可能把焦點放在擴大數位行銷計畫，以及改善活動行銷的績效上。你可以開始探索這兩方面增加了多少潛在客戶，而不必看他們所有的行銷活動。藉由評估受眾的關鍵活動與策略性的優先要務，你是把焦點放在他們投入時間與資源的領域。對受眾來說，那通常是相關、「最重要」的領域。你在這些領域的任何發現，都會引起受眾的興趣，他們也更有可能採取行動。

- **為什麼你需要知道衡量指標**？你需要知道衡量成果的關鍵指標。畢竟，不是所有的資料都有關或實用，所以你需要判斷哪些衡量指標，有助於了解問題或達成想要的結果。

在 B2B 行銷的例子中，關鍵的衡量指標可能是詢問數（或詢價數）、合格的潛在客戶、獲得每個潛在客戶的成本。一旦找出必要的衡量指標，在開始分析及解讀它們之前，你應該先徹底了解它們的意義。在許多公司，關鍵指標遭到誤解時有所聞。而衡量指標的收集、處理、計算方式不同時，它的含義可能也大不相同。

例如，「客戶」這種簡單的衡量指標，在同一家公司的不同部門可能定義不一樣。一個部門也許把「客戶」定義為過去一年內買過產品的人，另一個部門則定義為過去十年內買過產品的人，第三個部門則排除合作夥伴推薦及服務的公司。如果衡量標準的定義不清，你很容易曲解其實際的意義並誤用。

在許多情況下，你可能一開始只了解 4D 中的一個面向。比方說，你知道你要衡量某個「關鍵績效指標」（KPI），比如淨推薦分數（NPS）；或者你知道問題是什麼，像是留存率低。然而，如果你只考慮其中的一兩個面向，那樣的觀點是不完整的，會限制你從資料中得出的見解（見解的質與量都受限了）。相反的，如果你擴充知識，為目標受眾涵蓋這四個面向，你會有更全面、更專注的視角，讓你針對資料提出更好的問題。一旦你針對資料提出更精準的質疑，你可以從資料中得到更寶貴的見解，進而幫助你的團隊、部門或組織變得更好。誠如品管大師戴明（William Edward Deming）所說的：「如果你不知道怎麼提出正確的問題，你不會有什麼發

現。」4D 架構可以幫你針對資料提出更好的問題，並幫你帶著值得分享的見解，安全地走出資料迷宮去構思故事。

越符合六項特徵，見解越實用

沒有知識，行動也無益。徒有知識，不行動也枉然。

—— 宗教領袖阿布・巴克爾（Abu Bakr）

一旦你發現某個見解改變了你對某件事的理解，你必須判斷那是否值得拿來講述資料故事。故事達到高潮時，你的見解必須讓受眾覺得花時間關注這個故事很值得。由於構思有效的資料故事需要時間與精力，你需要確保你分享的見解有意義又實用。因此，每個見解需要先通過「那又怎樣？」（so what?）測試，才值得拿來構思資料故事。數位行銷專家兼作家艾維納許・考希克（Avinash Kaushik）建議，以下面三種方式來評估每個見解，這是他的「那又怎樣？」測試（Waisberg 2016）：

1. 受眾為什麼要在意這件事？
2. 他們該針對這件事做什麼？
3. 潛在的商業影響為何？

如果你無法解釋為什麼你的見解對受眾很重要，就不該拿出來分享。假如你不確定他們該針對你的見解做什麼，那就只是可有可

無的資訊罷了。倘若那個見解對商業的影響微不足道或很小，就很難引起多數人關注，畢竟大家還有更重要或緊急的事情需要處理。

你用這三個問題評估見解時，是在判斷你有沒有實用的見解需要分享。「實用見解」這個詞在商業界的使用很籠統，常用來指有趣的發現或結果。最終而言，說服大家採取行動的見解，遠比只回答問題或引起好奇心的見解更有價值。實用見解位於資料金字塔的頂端，是有效資料敘事的起源，最終可以促成變革。為了幫你評估見解的實用性，我為考希克的「那又怎樣？」問題，各附加了兩個標準（把原本的三題擴充為六題）：

受眾為什麼要在意這件事？

1. **有價值**。金錢價值可能是讓猶豫不決的人採取行動的激勵因素。人性先天抗拒改變與風險。但是，如果預期的正面影響遠大於負面影響，受眾更有信心採取行動。儘管不是所有的見解都能如預期發展，但一般來說，風險帶來的報酬越大，受眾猶豫不決的程度越低。

2. **相關性**。一種見解對某個受眾來說可能是強烈的訊號，但對另一個受眾來說則是雜訊。而見解與目標受眾越相關，越有機會獲得關注及促成行動。另一方面，見解的時效性也會影響相關性。有些見解的時效性強，會隨著時間流逝變得越來越不相關，也越來越不實用。而對合適的受眾提出相關又及時的見解，有助於刺激行動（如第 2 章提過的「以時服人」）。

他們該針對這件事做什麼？

3. **務實的**。你的見解可能很大膽，但必須讓受眾覺得那是可行、實際的。有些情況下，你可能需要先降低難度，把你的見解拆成受眾比較容易接納的內容。例如，你發現資料識讀力培訓可讓員工受惠，你可以提議先讓某個團隊參與試辦專案，之後再推出全公司的培訓專案。即使你的見解能產生更廣泛的影響，但你應該讓受眾覺得他們有能力採取行動。如果你的見解讓受眾吃不消，那只會卡住，毫無進展。

4. **特定的**。有時從整體指標所衍生的見解可以點出有趣的異狀，但缺乏足夠的細節來推動立即的行動。比方說，知道本月營收成長 35％ 可能感覺不錯，但你不知道成長是從哪裡來的，以及能不能複製或再提升。相反的，釐清 35％ 的營收成長是來自「買一送一」的促銷活動，就比較明確、完整了，也會增加大家做更多促銷的興趣。如果見解無法充分解釋某事發生的原因，那表示它還不夠實用，仍需要更深入探索才適合拿出來分享。而你的見解越精確，受眾越清楚他們該如何落實你的見解。

潛在的商業影響為何？

5. **具體的**。你的見解越具體，越有可能促成行動。例如，你發現把公司的生產力提高 18％ 的方法。然而，這個數字還可以再更具體：你可以分享它可能帶來 80 萬美元的預估收入。如果你能把見解的影響換算成金額，那會吸引更多的關

注，並促使大家採取行動。

6. **脈絡化**。為了讓你的見解更實用，它需要搭配足夠的脈絡，這樣受眾才能充分理解它的重要性或獨特性。通常你需要提供標準或基準，受眾才能充分了解見解的意義，並有動力採取行動。比如，在毫無背景資訊下，某個月 340 萬美元的產品銷售額沒什麼意義，那只是事實，不是見解。當你知道前一年的同月銷售額是 110 萬美元時，那個數字才有顯著的意義。（209％的成長！）少了某種基準，一個沒有脈絡的發現可能只會引發質疑與反對，而不會催生行動。

見解越符合這六個特徵，就越實用。有些見解可能崩解，永遠達不到這個標準；有些見解或許需要稍微修改，才會變得實用。不過，如果你在探索階段就依賴 4D 架構作為指引，你更有機會獲得實用的見解。那四個以受眾為核心的面向（**問題、結果、行動、衡量**），會讓你的資料發現更有重點，也指引你發掘符合那六個實用標準的見解。你的見解通過「那又怎樣？」測試後，你就具備了構思精彩資料故事的條件。在那麼多的資料爭相獲得關注之下，實用的見解比不實用的見解更有優勢。資料故事以實用見解為核心時，就會發出強烈的訊號，讓目標受眾難以忽視或錯過。雖然實用性增強不保證見解一定會獲得採納或應用，但只要抓住受眾的注意力，鼓勵他們去探索見解的價值，就有機會獲得採用。

分析、印第安納瓊斯與資料陷阱

我是說故事的人，探索就是這麼一回事。去眾人沒去過的地方，回來講一個大家沒聽過的故事。

——電影製作人兼水底探險家卡麥隆（James Cameron）

分析是個兩步驟的流程，包括探索階段與解釋階段。為了構思強大的資料故事，你必須從資料發現（發現見解），轉變成資料溝通（向受眾解釋見解）（見圖 5.4）。如果沒有經歷這兩個階段，你可能會得到類似資料故事的東西，但效果不如預期。它或許有數字、圖表、注解，但因為建構不當，而達不到預期的結果。為了讓大家更了解從「資料探索」邁向「資料解釋」為什麼那麼重要，我想把這個流程比喻成我兒時的偶像——印第安納瓊斯。

開發資料故事的兩步驟流程

圖 5.4　要打造資料故事，一開始得先使用探索性的資料視覺化，來發現見解。發現有意義的見解後，就使用解釋性的資料視覺化，來講述故事。

如果你很熟悉喬治‧盧卡斯（George Lucas）與史匹柏的動作冒險電影，你會知道印第安納瓊斯的設定，是 1930 年代一個手持長鞭、性格衝動的考古學家。他常在世界各地尋找稀有文物時遇到麻煩，並與各種邪惡勢力奮戰。然而，我們很容易忘了他也是大學教授，會跟學生及同事分享他的考古冒險故事與戰利品。如圖 5.5 所示，印那安納瓊斯充分展現了分析流程的兩大面向：冒險家／考古學家（探索性），與教師／溝通者（解釋性）。

你開始檢查資料集以獲得有意義的見解時，就像大膽、好奇的考古學家。無論你是分析簡單、還是複雜的資料集，資料視覺化常幫你發現資料中的關鍵型態、趨勢、異象。在這個階段，你重視的

印第安納瓊斯的兩面

考古學家
（探索性）

教授
（解釋性）

圖 5.5　印第安納瓊斯展現出分析流程的兩個面向。身為考古學家，他發現寶貴的文物（探索性）；身為教授，他向學生說明他的考古發現（解釋性）。

是速度與彈性，並使用資料視覺化來分析資料。你反覆地檢閱資料，直到發現寶貴的見解。資料不必很純淨或完美，只要可用就好。

在這個階段，你是這些**探索性**資料視覺化的唯一受眾，它們只需要對你訴說就好了。由於圖表是你製作的，你應該很熟悉原始的資料。雖然你可能想證實某個假設或直覺，但你還不知道會從資料中得出什麼敘事。你最初的想法可能經證實是對的，或完全相反，你甚至可能被拉往意想不到的方向。

然而，一旦你發現有意義的見解，就有故事可以講述，而且必須過渡到解釋階段。你現在變成考古學教授與課堂上的講者。你不再是主要受眾，因為你想與他人分享你的關鍵發現。不過，你的目標受眾也許不像你那麼了解資料。因此，簡單、清晰、連貫變成**解釋性**資料視覺化的根本要素。最重要的是，幫你發現見解的資料視覺化可能需要精進，甚至替換，以便更有效地把你的發現，傳達給一知半解的新手受眾。

在下頁的表 5.1 中，分析流程的兩個階段有明顯的差異。如果兩者之間的轉換不當，你可能會得到效果較差的東西，有如**資料偽造**（data forgery）。雖然資料偽造可能被誤認為資料故事，但仔細看就會發現，它缺少一兩個構成有效資料故事的必要屬性。就像印第安納瓊斯擅長發現贗品一樣，你也應該避開以下那些有缺陷的假貨，因為它們的薄弱敘事、可疑見解、毫無意義的圖表只會阻礙受眾，而不是幫助受眾。

表 5.1　分析流程中，兩階段的差異

	探索性	解釋性
目標	了解	溝通
受眾	你	其他人
資料熟悉度	非常熟悉（你）	比較不熟悉（其他人）
視覺化的重點	彈性與速度	簡單、清晰、連貫
敘事	未知	已知
結果	見解	行動

資料偽造 #1：資料切割

　　立意良善的資料專家常遇到資料偽造。他們一開始切割資料以尋找有意義的見解時，一切都做得很好（見圖 5.6）。然而，某部分資料出現有趣的見解時，他們就不再對資料做什麼了，而是直接拿

資料偽造 #1：資料切割

圖 5.6　資料切割一開始是探索資料以尋找見解，這樣做並沒有錯。但資料分析者發現見解後，並未使用有效的敘事與解釋性的圖像，來傳達見解。

給其他人看。他們以為，既然原始資訊能打動他們，那也應該可以打動目標受眾。遺憾的是，**資料切割**（data cut）就像未編輯的導演剪輯版，過於依賴原始事實的影響或說服力，忽略了精心構思的敘事與解釋性的圖像，可幫其他人更了解見解的重要性。像第 3 章提到的塞麥爾維斯，就是掉入這種陷阱中。

你可能掉入「資料切割」陷阱的警訊：

- 你覺得資料不言自明，因為證據如此扎實有力。
- 你不確定受眾會如何接受或解讀結果。
- 你沒花太多時間為受眾量身打造圖表。

資料偽造 #2：資料客串

　　商業用戶（而不是資料專家），很容易遇到這種形式的資料偽造。有趣的是，它有豐富的敘事，可能還展示了關鍵的資料點。然而，它不是以資料為本，而是圍繞在先入為主的故事。或者，更準確地說，是為了一個目的（見下頁的圖 5.7）。然後，再添加資料以佐證或加強那個先入為主的敘事，只「精挑細選」那些支持敘事的資料點，忽略否定敘事的資料點。這可能是有意為之（選擇性忽略），或是無心之舉（驗證性偏誤）。每當有人覺得他必須證明自己的決定是對的，或證明某個行動或計畫為什麼成功時，就經常出現這種作法。遺憾的是，資料在這個敘事中只是「客串」，僅是為

資料偽造 #2：資料客串

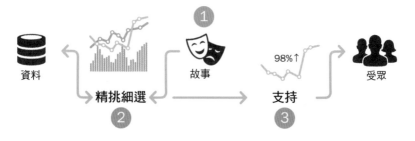

圖 5.7　資料客串是從預設的故事開始，而不是從資料開始。說故事的人精挑細選資料點，來支持或佐證先入為主的敘事。這種資料客串沒有扎實的資料基礎，只要仔細檢視，就會迅速穿幫。

了做做樣子，而不是故事的基礎。由於資料不是故事的核心，只要仔細檢視，**資料客串**（data cameo）就會迅速穿幫。

你可能掉入「資料客串」陷阱的警訊：

- 在檢閱資料之前，你已經知道你想講的故事。
- 你挑選支持特定觀點的資料。
- 你不想反駁你偏愛的觀點。

資料偽造 #3：資料裝飾

隨著越來越多人使用資料視覺化的工具，最後一種資料偽造就出現了。由於資料很多，大家可以用許多有趣的方式來展示資料。

然而，無限的資料再加上視覺特效，有令人上癮的效果，這促成了**資料裝飾**（data decoration）的出現。當個人在探索階段找不到明確的見解，於是在沒有令人信服的敘事下，直接做資料視覺化時，就會出現這種現象（見圖 5.8）。他們簡單地分享資料圖表，略過真正的分析，希望受眾自己從圖表中看出有意義的內容。然而，資料裝飾不僅無法增添價值，通常還只會增添混亂及不必要的雜訊。

資料偽造 #3：資料裝飾

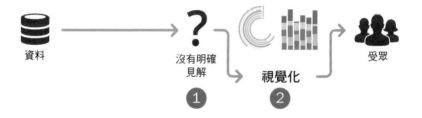

圖 5.8　資料裝飾指的是，花太少時間在實際分析資料、以得出明確的結論或見解上，然後就把資料視覺化，讓受眾吸收。

你可能掉入「資料裝飾」陷阱的警訊：

- 你創造的圖像沒有清楚的焦點或重點。
- 你比較關注資料視覺化的工具，而不是實際的資料。
- 你想把資料視覺化，好讓那個領域的專家可以更了解數字。

建構有效的資料故事需要兼顧三個要件，但這些資料偽造都只顧好一個要件而已，忽略了另兩個要件。例如，「資料切割」的資料很強，但敘事與圖像很弱；「資料客串」的敘事豐富，但缺乏資料；「資料裝飾」提供誘人的圖像（但不是很清楚或有意義），卻缺乏敘事重點。唯有結合資料、敘事、圖像這三個關鍵面向，才算是真正的資料故事。你必須了解如何正確構思資料故事，因為這攸關資料溝通的效果。

以紀律繞開大腦偏誤

在掌握資料之前就先提出理論，是大錯特錯。因為你會在不知不覺中扭曲事實以配合理論，而不是讓理論去符合事實。

——《福爾摩斯》作者道爾爵士

即使有扎實的敘事及見解深刻的圖像，資料故事也無法克服薄弱的資料基礎。你身為資料故事的建築師、營造者、設計師，必須確保故事的真實性、品質、效果。因為你是負責為資料故事打下資料基礎及建構敘事架構的人，在分析流程中你需要非常小心。你與他人分享資料之前，所有的資料都由你負責處理與解讀，因此，相關資料可能受到你的認知偏誤與邏輯謬誤的影響，而扭曲或削弱了故事的資料基礎。

在第 3 章中，我們看到人類大腦如何在潛意識與有意識下，使用兩個系統（系統一與系統二）來處理資訊。這兩個系統都會影響

別人如何看待你的見解，尤其是系統一。在你的大腦中，這兩個系統也會決定你如何處理資料及溝通見解。系統一的潛意識捷思雖不完美，但它們幫我們處理需要定期吸收的大量資訊，也幫我們迅速集中注意力，了解周遭發生的事情，但系統一的認知偏誤在分析流程中，也可能導致我們誤入歧途。現代心理學目前列出超過 180 種認知偏誤，但我把焦點放在三種代表性的常見例子上，它們顯示認知偏誤如何以各種方式，扭曲資料故事。

驗證性偏誤

驗證性偏誤指一個人只想尋找、及接受支持現有信念或觀點的證據，但那會使人忽視反駁現有觀點的資訊。美國企業家巴菲特曾說：「人類最擅長的事情，是解讀所有的新資訊，以便維持先前的結論不變。」你開始分析時，可能對分析的主題有個看法或假設。如果你沒意識到自己的偏見，恐怕會選擇性地分析資料，直到你發現能證實那個看法或假設的見解。

對抗這種驗證性偏誤的科學方法，是讓研究人員試圖**推翻**（而不只證實）他們的假設。遺憾的是，即使在科學界，為了發掘重大發現的競爭壓力，仍使許多科學家誤入歧途。2005 年，史丹佛大學教授約翰‧伊安尼迪斯（John Ioannidis）大膽宣稱，多數發表的研究發現都是錯的（Ioannidis 2005）。例如，生物科技公司安進（Amgen）只能複製 53 個「開創性」癌症研究中的 6 個（11％）；另一項研究只能複製 100 個心理學研究發現中的 39％（Nuzzo 2015）。陷入驗證性偏誤時，你可能在數字中找到自己期望看到的

東西，但錯過真正發生的事情。

倖存者偏誤

倖存者偏誤是只關注成功或倖存的事物，但忽略失敗或消亡的事物。倖存者偏誤的著名例子，發生在二戰期間。當時，美國軍方想減少其轟炸機與機組人員的嚴重損失。軍事指揮官希望為轟炸機增添更多的裝甲防護，但增加的重量也會降低轟炸機的機動性，及增加燃料的消耗。為了找到最佳的防護布局，他們向一群數學家求助。軍方分析安全返航的轟炸機，發現多數損壞是發生在機翼與機身。美國軍方想知道應該在機翼與機身加裝多少裝甲防護，但統計學家亞伯拉罕·沃德（Abraham Wald）的回答令他們震驚。沃德表示：「不要加任何防護。」那些區域的彈孔顯示，轟炸機即使被擊中，依然能安全返航。沃德假設，戰鬥傷害發生在所有的飛機上，因此，倖存的飛機沒受損的部分（引擎），才是真正脆弱的位置（見圖 5.9）。

如果你的分析受到倖存者偏誤的影響，你對正在發生的事情會有不完整的看法。畢竟，忽略了失敗或消亡者後，可能會扭曲你對成功因素的認知。例如，你正在分析新門市的位置，如果你的分析只根據目前業績最好的門市，而不看業績最差的門市，你的分析就會出現偏差。不要只關注成功或倖存的例子，有價值的見解說不定來自失敗與失敗的原因。

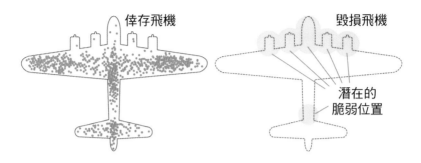

倖存者偏誤：二戰轟炸機的分析

倖存飛機　　　　　　　　　毀損飛機

潛在的
脆弱位置

圖 5.9　二戰期間，統計學家沃德注意到，美軍是根據倖存轟炸機的資料（而不是未安全返航的飛機），來決定防護部署。然而，倖存轟炸機上的彈孔顯示，儘管飛機可能受損，但依然返航。因此，沃德假設，沒返航的飛機嚴重受創的位置，是倖存飛機幾乎沒有受損的地方。

知識的詛咒

　　知識的詛咒是，你以為別人都有必要的背景脈絡或知識，知道你想傳達什麼。一旦你熟悉一個主題，你可能很難想像別人**不知道**你知道的事情。比方說，你學習騎單車時，覺得那充滿挑戰性，但某天你突然抓到了騎車的訣竅。接著，你反而不知道該怎麼跟不會騎單車的人解釋騎法了。隨著你對主題的了解越深，就越難從新手的角度去看待那個主題。簡言之，如果你精通資料，恐怕很難從不懂資料者的角度，去看待你分享的資料。在這些情況下，你的知識會阻撓你有效溝通的能力。

　　1990 年，史丹佛大學做了一項實驗。實驗中，他們把一群人分成「敲擊者」或「聆聽者」兩種角色。接著，他們請每位敲擊者

敲出一首著名歌曲的節拍（例如〈生日快樂歌〉或〈美國國歌〉），
讓聆聽者憑著節拍辨識歌曲。研究人員問敲擊者，他們覺得聆聽者
正確猜出歌曲的頻率是多少，敲擊者估計是 50％。然而，他們實
際衡量聆聽者猜中的機率時，正確率僅 2.5％（Heath and Heath
2006）。雖然敲擊者在敲擊時，腦中會浮現歌曲的旋律，但聽者大
多只聽到手指敲擊的隨機組合。同樣的，你花時間分析資料集時，
通常比受眾更了解資料。一旦你發現想要分享的見解，知識的詛咒
會阻礙你清楚扼要地向受眾傳達見解的能力。而了解受眾，意識到
自己對資料的熟悉度，並以具體的方式使用故事來傳達資料，可以
幫你抵消這種認知偏誤。

　　除了系統一造成的認知偏誤以外，系統二的邏輯謬誤也會影響
你的分析。認知偏誤影響**潛意識**的思維模式，邏輯謬誤則代表**意識**
推理的缺陷。你可能看不出來塑造思維的許多捷思與偏見，但你可
以學習去發現非理性的推理。非理性的推理通常以「有缺陷的論
點」呈現。在現代心理學中，有 130 多個邏輯謬誤，底下我挑了三
種常見的謬誤，它們可能侵蝕說故事的資料基礎。

相關性謬誤

　　當我們把巧合的事件誤解為因果關係，就會出現相關性謬誤。
畢竟，不同的變數以相似或相反的方式一起波動時，它們就有**相關
性**。然而，正如 xkcd 網站的漫畫家蘭德爾·門羅（Randall Munroe）
指出，相關性不表示有因果關係，但「它確實會暗示性地揚動眉
毛，偷偷摸摸地做手勢，同時說：『看那邊。』」研究人員與分析師

圖 5.10　門羅這幅刊載在 xkcd 網站的漫畫，突顯出相關性與因果關係之間的獨特關係。

資料來源：https://xkcd.com/552/，xkcd.com 供圖。

常在分析中遇到相關性。進一步檢查後，他們可能發現問題的根本原因，或驅動機會的關鍵因素。例如，科學家找出香菸中的致癌物以前，就發現抽菸與肺癌高度相關。

　　然而，重點是，切記，即使兩個變數的走勢可能相關，但不表示一個變數直接導致另一個變數。例如，冰淇淋的消費與鯊魚攻擊之間，可能有很強的相關性，但認為吃冰淇淋會導致鯊魚攻擊（或相反）並不理性。因為第三個**混擾變數**（confounding variable），像是室外溫度，同時影響這兩個變數。此外，兩個變數之間的相關性可能只是偶然。哈佛法學博士泰勒・維根（Tyler Vigen）的有趣網站與著作《虛假的相關性》（*Spurious Correlations*）提及幾種荒謬的相關性。比方說，緬因州的離婚率與美國人造奶油的人均攝取量之間，有很強的相關性（99.26％）（見下頁的圖 5.11）。由於人類大

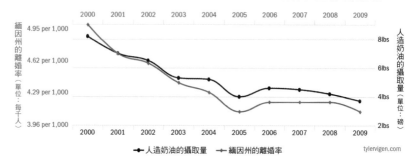

圖 5.11　雖然緬因州的離婚率與人造奶油的人均攝取量高度相關（99.26％），但正常人不會認為這兩個變數之間有因果關係。

資料來源：https://tylervigen.com/spurious-correlations，Tyler Vigen 供圖。

腦先天愛自己歸因並形成敘事，我們一看到變數之間有關聯時，就很容易想像它們有因果關係。相關性也許有啟發性，但是在研究及驗證因果關係之前，它們只是有關聯而已。

德州神槍手謬誤

　　當我們賦予隨機的巧合重要意義，就會出現德州神槍手謬誤。這個謬論的名稱源自一則有趣的軼事，一個德州牛仔在穀倉的一邊練習射擊技巧。之後，他在密集的彈孔周圍畫上紅圈，以暗示他是神射手。同理，你處理許多資料時，可能為一小群異數賦予意義（訊號），但把其餘的資料視為雜訊，略而不看。這種為某些資料點畫靶心的作法之所以危險，是因為你可能為隨機出現的型態賦予意義。《任何人都會有的思考盲點》（*You Are Not So Smart*）作者大

衛・麥瑞尼（David McRaney）指出，「當結果看似有意義，或我們希望隨機事件是有意義的原因造成的時候，就很容易忽略隨機性」（McRaney 2010）。

這種謬論的典型例子發生在 1992 年，當時瑞典的研究人員研究了電線對附近住家的影響。他們在 25 年間對參試者做了 800 種潛在的疾病測試。研究人員發現，住在電線附近的家庭，兒童白血病的罹病率是其他地區的四倍。這對家長與地方政府來說無疑是驚人的消息，但研究人員顯然陷入了德州神槍手謬誤的陷阱。畢竟，研究人員衡量 800 多個潛在風險比率或「指標」，可能至少有一種疾病碰巧出現統計顯著差異。在這項特別的研究後，後來探索電線影響的研究，都未能證實該研究的發現（Smith 2016）。「分析資料**之前**先有假設或理論」（畫目標），和「分析資料**之後**才形成假設或理論」有很大的區別。後者需要用最新的資料去檢驗理論，以確定你的發現究竟是真的訊號，或只是隨機的產物。

草率歸納謬誤

草率歸納謬誤是指一個人提出通泛的主張，卻沒有充分或公正的資料，可以證明其合理性。我們常蔑視草率歸納，卻又常依靠它們來理解這個複雜的世界。尤其涉及分析時，我們常草率地歸納一些發現，以便把結論更廣泛地套用在類似的情況上。例如，你可能發現某類型的潛在客戶對產品展示有很好的反應，於是你決定在網站上主打產品展示。雖然不是每個潛在客戶都接受產品展示，但你的資料顯示，他們在看過展示後，轉變成客戶的機會通常比較高。

在這種情況下，根據潛在客戶的資料所做的通泛結論，可能改變銷售方式。

由於人性容易妄下結論，我們需要注意做這種通泛結論的速度。這個謬論的問題在於，「草率」所帶來的麻煩。當你在不具代表性的樣本中發現有趣的情況，以為那也適用於更大的群體時，就會出現這種邏輯謬誤。例如，你對產品展示的結論，可能是源自你與一些業務員的交談，他們說潛在客戶喜歡產品展示。然而，根據少數業務員隨口發表的意見做出**草率**的歸納，與廣泛分析數千名潛在客戶的行為而得出相同的結論，是不同的。一般來說，見解來自更大、更有代表性的樣本時，資料基礎越穩健。

當你必須過濾資料（你是聰明但容易犯錯的人），有偏見或有缺陷的推理，可能會扭曲你的資料故事。雖然這裡介紹了常見的認知偏誤與邏輯謬誤，但還有成千上百種偏誤與謬誤，可能讓人誤入歧途。許多人沒有意識到，分析過程中需要多少**紀律**。理論物理學家理查‧費曼（Richard Feynman）說：「首要原則是不要欺騙自己，你是最容易被騙的人」（Feynman 1974）。你的薄弱或錯誤推理，可能在你與他人分享之前，就先破壞了你的見解。如果你想建立有效的資料故事，你需要意識到，那些可能影響你判斷的潛在偏見。雖然你無法像關閉智慧型手機的功能那樣停用它們，但在分析的過程中，你可以對它們提高警覺。資料視覺化專家兼《真實藝術》（*The Truthful Art*）的作者艾爾伯托‧凱洛（Alberto Cairo）承認，這是很大的挑戰：

的確，人不可能完全真實或客觀。大腦是有缺陷的肉質機器，是演化而來的，不是電腦。我們都有認知、文化、意識型態的偏見，但那不表示我們無法盡量追求真實。真相也許遙不可及，但努力做到真實，是切合實際又有價值的目標……屈服或欣然接受個人偏見的人，與努力辨識及抑制偏見的人（即使永遠達不到十全十美）之間，有明顯的差異（Cairo 2016）。

如果你不注意觀點與偏見對研究的影響，資料基礎很容易動搖。倉促分析可能讓你得到方便、但邏輯有缺陷的見解。然而，如果你在探索階段與解釋階段都維持紀律，就可以為資料故事打下堅實的基礎。無論故事是獲得接納或遭摒為無稽之談，分析的紀律可為資料故事指引方向。而以客觀與真實來強化見解，則能讓資料故事更強大有力。

資料不是你的孩子

資訊太豐富，令人目不暇給，注意力渙散。
——經濟學家兼政治學家司馬賀（Herbert A. Simon）

想像你做了深入的分析，發現驚人的見解。現在你很興奮，亟欲和一群有影響力的利害關係人，分享你的發現。假設你小心維持客觀，並注意可能影響分析的潛在偏誤或邏輯謬誤。你準備與他人分享資料時，還是很容易犯一個常見的錯誤：**資訊超載**（information overload）。你興奮地分享分析歷程與見解時，可能在報告、簡報、資訊圖表或儀表板上，塞滿受眾無法完全了解的資訊。你不是向受眾傳達清晰、強烈的訊號，而是以細節與雜訊掩蓋了訊號。你沒有吸引及啟發受眾，而是讓他們感到困惑、失望，甚至有點麻木。

你想分享大量資訊時，需要先了解人類的記憶如何運作。人腦就像電腦，有一個大硬碟可以儲存記憶，但處理陌生資訊的記憶體容量有限。來自各種感官的輸入或刺激，是暫時存放在潛意識的**感官記憶**中（不到 1 秒），之後便丟棄或進一步處理（見圖 5.12）。某事引起我們注意時，意識的**工作記憶**就像電腦的中央處理器（CPU）。它會檢查資訊並加以編碼，再以基模（schema）的形式儲存在**長期記憶**中。然而，資訊在工作記憶中只會短暫停留（通常不到 1 分鐘），以建立有意義的連結，不然就會遺忘。

人類記憶的處理

圖 5.12　大腦收到刺激（音訊、圖像、觸感等）時，在感覺記憶中停留不到 1 秒。假如某事引起我們的注意，它在工作記憶中處理的時間不到 1 分鐘。如果大腦覺得那個訊息很重要，就會以基模的形式把它存在長期記憶中。

因為工作記憶是新資訊的守門人，你需要了解它在什麼情況下會超載。1956 年，普林斯頓大學的心理學家喬治・米勒（George Miller）主張，人的工作記憶一次只能記住七項資訊（加減兩項）（Miller 1956）。最近的研究顯示，那個「神奇」數字可能只有四，而不是七（University of New South Wales 2012）。為了處理傳入的資訊，我們把個別資訊組成小段。例如，把手機號碼（+18881234567）切成四小段（+1、888、123、4567），而不是 12 個單獨的數字。同理，在組裝資料故事的各種元素時，把資訊切成較好記憶的「分段」很重要。在下一章中，你會看到敘事如何為資料增添結構，讓受眾更容易吸收。

教育工作者與教學設計師面臨的挑戰很像資料敘事者：他們必須對學生灌輸重要的見解與概念，但又不能一次灌輸太多以免學生吃不消。1980 年代末期，教育心理學家約翰・史威勒（John Sweller）研究了工作記憶的有限容量，並探索大家難以了解及記住新資訊的原因。史威勒開發了「認知負荷理論」（Cognitive Load Theory，CLT）。在該理論中，他提出工作記憶中有三種會影響學習效率的心理活動（Sweller 1988）：

1. **內在負荷**（intrinsic load）：這種認知負荷代表，當前話題本身既有的難度或複雜性。內在負荷是看分享的主題而定，傳遞資訊的人不見得能改變主題的複雜性。例如，教人折紙飛機比教人駕駛噴射機容易。有些主題原本就比其他的主題難教、難學。

2. **外在負荷**（extraneous load）：這種類型的負荷是與「非關教學」的要素有關，那些元素對學習並不重要。由於工作記憶處理新資訊的能力有限，若把時間拿去處理非必要的項目（像是不直觀的布局、裝飾性的圖片、令人分心的動畫等等），表示能用來了解核心資訊的時間越少。比如，折紙飛機時，書面的步驟說明比簡單的圖解，造成更多的外在認知負荷（見圖 5.13）。

3. **增生負荷**（germane load）：這種負荷是反映處理資訊，以及把資訊組成基模以便存在長期記憶中，所投入的心血。學習任何新知或概念都要花心血。增生負荷代表幫人獲得新技能與新知識的理想負荷類型。比方說，你想教人折紙飛機，最好的方法是拿紙出來，實際動手教學。對學生來說，依循清晰的指示並做出正確的折疊所涉及的腦力，是有益的增生負荷。

　　你想和受眾分享的資料既複雜又麻煩時，用來**管理**內在負荷、**最小化**外在負荷、**最大化**增生負荷的 CLT 技術，對資料敘事者非常有幫助。你不見得能簡化主題的複雜性，但你可以**管理**其內在負荷的影響。一個實用的對策是，把你的見解切成比較好記憶的分段，讓受眾更容易吸收與了解。你可以分階段逐步揭露資料，讓他們一邊熟悉你的資訊，一邊組成基模，而不是太快傾注太多的資料。

　　如果你的見解很複雜，就應該從簡單的概念開始講起，再循序

如何折紙飛機

1. 把一張 21.5×27.9 公分的紙縱向對折，在中間折出一條折痕，然後把上面的兩個角折向中間的折痕。
2. 把上面的兩個角，再折向中間的折痕。
3. 將兩邊對折，讓它們相互貼合。
4. 在離中脊約 2.54 至 3.8 公分的地方，沿著紙的長度折第一個機翼。那個摺線將使機翼與機身垂直。
5. 重複上一個步驟，以折出第二個機翼。

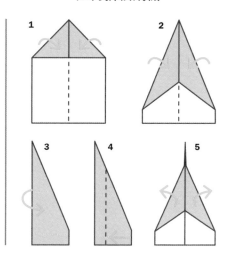

如何折紙飛機

圖 5.13　對多數受眾來說，左邊的文字版比右邊的圖解版，造成更多的外在認知負荷。

漸進到比較複雜的觀點。另一方面，受眾對那個主題的專業度，也會影響其內在負荷。比如，新手受眾承受的內在負荷會比專業受眾多。對不同類型的受眾來說，起點與學習時間都不一樣。

　　有效資料敘事的基本目標，是盡量減少受眾的外在負荷。而資料偽造（**資料切割**），就是外在負荷可能破壞資料溝通的例子。你分享未編輯的原始發現時，受眾被迫花更多的心思去了解內容。然而，受眾耗在外在負荷上的腦力，會降低他們專注於核心訊息的能力。為了避免無意間對受眾的工作記憶造成負擔，你需要以下面的方法來減少外在負荷：

- 使用有效的圖表類型來傳達資訊。
- 刪除不相關的資料或多餘的圖表。
- 不要把多個資料點合併在一個圖表中，以為減少圖表的數量可以更簡化。
- 避免在投影片、圖表、資訊圖表中，使用密集的文字。
- 為資料排序、分類或加上標記，以便吸收。
- 以簡單易懂的方式來組織或布局內容。
- 刪除不必要的圖表元素，例如不必要的 3D 效果、深色格線、沒有特殊意義的顏色運用。
- 以前後一致的方式來分享資料（命名法、顏色運用、符號）。
- 讓受眾知道他們應該把注意力放在哪裡。

　　與內在負荷不同的是，你可以控制受眾承擔多少外在負荷。而精簡內容，避免受眾承受額外的資料處理負擔，對你最有利。第 7 章與第 8 章談圖像時，你會學到多種幫你降低認知負荷的視覺化技巧。

　　幸好，說故事本身有助於提高增生負荷。在下一章，你將學習故事結構如何幫忙吸引受眾及包裝資訊，讓工作記憶更容易處理那些資訊。在適當的情況下，你可以考慮在資料故事中加入類比，讓複雜的概念顯得更平易近人，也更容易理解。此外，你可以用具體的例子，讓你的見解在受眾面前變得更鮮活，而不是只提到整體結果。例如，你可能發現一個客服問題影響成千上萬的顧客，使公司損失數百萬美元。然而，分享具體的例子，說明那個問題如何影響

最有價值的客戶，可能更有影響力。你的資料越能引起共鳴，受眾越容易處理及應用那些資訊。

你分享太多資訊時，資料故事可能因為承受不了太多的資料而崩解。在分析流程中，從探索階段過渡到解釋階段時，你擁有的資料通常比講述故事所需的資料還多。美國作家梭羅曾說：「重點不是眼前有什麼，而是你從中看出了什麼。」你可能已經分析或查看了大量的資料，但真正重要的是你的見解，你看出了什麼。

研究人員納達夫·克萊恩（Nadav Klein）與艾德·歐布萊恩（Ed O'Brien）發現，我們容易高估人做決策之前，需要先看的資訊量（Klein and O'Brien 2018）。他們做了幾項實驗後發現，參試者高估的決策資料量是**二到四倍**。例如，在一項研究中，他們把200多位參試者分為兩組：預測者與體驗者。他們要求預測者估計，一個人需要看多少藝術品，才能判斷他是否喜歡那種藝術風格。預測者估計，一個人平均需要看 16 到 17 件藝術品。但體驗者平均只要看 3 到 4 件藝術品就能判斷了。

在另一項研究中，他們讓 100 多位 MBA 學生為了應徵某個假想的工作，寫幾篇文章，以突顯出他們過去的管理經驗。接著，他們請 100 多位專業的人才招募經理來審查這些文章。一旦招募經理覺得，他充分了解每個應徵者擔任管理者的能力時，就可以停止不看文章了。那些學生平均準備了四篇文章，但招募經理平均只看兩篇。這些預期的差距顯示，你的資料故事所需的資訊遠比你想的還少，**甚至可能不到直覺（系統一）告訴你要納入的一半。**

你評估故事的資料基礎時，重點是區別必要內容與無關內容。

你的目標不是向受眾顯示你花了多少心血，或你在資料探索方面有多精明。你的目標應該是以你的主要見解為基礎，講述令人難忘的故事。甚至在你開始闡述故事之前，你可以縮小分析結果的範圍，藉由提出以下問題，過濾掉不太實用的資料：

- 哪些資料不相關？
- 哪些資料是多餘的？
- 哪些資料令人困惑或模稜兩可？
- 哪些資料薄弱或有問題？
- 哪些資料與你的核心見解不符？

你甚至可以在建構資料故事之前，先淘汰不必要的資料，只看可能對故事有用的關鍵資料點。《紐約時報》的圖像編輯艾曼達・考克斯（Amanda Cox）表示：「資料不是你的孩子，你不需要假裝你對它們的愛是一樣的。」對你的故事來說，有些資料點比其他的資料點更重要。減少雜訊後，你會發現故事傳達的訊號更強。誠如英國作家亨利・格林（Henry Green）所說的：「你省略的東西越多，留下的內容越突出。」事實上，你把關鍵重點組成故事時，會發現敘事結構將進一步突顯出你應該關注的資料點。在下一章中，你可能發現有些有趣的見解不適合納入敘事中，那也沒關係。那些見解可能值得另外講一個資料故事，需要暫時先擱著。你只要一些可靠又扎實的資料組件，為精彩可信的資料故事奠定基礎就夠了。有了扎實的資料基礎後，你就可以開始構思引人注目的故事。

Chapter **6**

說故事的技藝

遺失的硬幣可以靠蠟燭找到；最深刻的真相可以靠簡單的故事發掘。

——作家安東尼‧德‧梅洛（Anthony De Mello）

艾蜜莉是一家大型科技公司的竄紅新星，上級指派她為新產品試推一項前景無限的計畫。身為產品經理，她的首要任務是向現有的顧客，詢問他們對新科技的潛力有何看法。雖然她憑直覺就知道新產品應該會熱賣，但她想收集證據以證實這個論點。艾蜜莉訪問了 100 多間公司的頂級客戶並獲得非常正面的看法後，她相信這項新技術將填補公司產品組合中的關鍵缺口。艾蜜莉與小型的開發團隊合作，一起打造出產品的原型。接著，她向多個內部的產品團隊分享這個概念，以評估他們的興趣與支持度。內部團隊對那個產品概念的反應，與她收集的外部意見很像，也很正面。

有了正面的調查結果、顧客的大力支持、內部的支援、順利的產品展示後，艾蜜莉構思了一份引人注目的資料簡報，裡面包含充

滿洞見的資料視覺化內容。多年來,她也與許多認同該專案的決策者培養了良好的關係,其中包括幾位重要的女性高階主管,艾蜜莉把她們視為職涯導師。向領導團隊簡報的那天,艾蜜莉覺得那項專案鐵定可以獲得資金,簡報只是形式罷了。然而,儘管有大量的證據支持那款新產品,那項專案並未成為當年獲得資助的五個專案之一。艾蜜莉的專案團隊隨後就解散了,上級派她去關注其他的產品需求。

艾蜜莉對這個結果感到困惑又失落,她想釐清她的提案究竟出了什麼問題。經過一番探查後,她發現自己犯了兩個嚴重錯誤。首先,她以為自己已經提供受眾所有的資訊,他們可以用那些資訊來評估及優先考量那個專案。但她很晚才發現,她的專案其實面臨著隱藏的阻力。雖然其他的產品團隊對她的專案概念公開表示支持,但有一個團隊覬覦那項新技術,認為應該由他們負責推出。於是,在艾蜜莉不知情下,一個虛構的謠言在公司裡流傳,說公司的併購團隊,即將收購另一家擁有類似技術的公司,那導致公司的高階主管突然把她的專案排除在他們的優先要務之外。艾蜜莉的專案原本前景看好,卻變成辦公室政治內鬥的犧牲品,因為她讓另一個團隊來主導敘事。

艾蜜莉犯的第二個錯誤是,她被自己的資料所惑。她對自己的見解與圖像很有信心,所以並未搭配無懈可擊的敘事。如果艾蜜莉知道她面臨一些阻力,她會提出更有力的敘事來化解受眾的擔憂,糾正錯誤的資訊,並讓受眾明白推動這個新方案的重要性。多年後,艾蜜莉每次想到這個遺憾的結局,依然難以釋懷。她的公司最

終沒有購買或開發那項技術，那項技術依然是公司產品策略中的明顯缺口。誠如這個例子所示，即使有扎實的資料基礎及輔助的圖像，你的見解仍需要恰當的敘事，才能促成行動與改變。

打造獨一無二的敘事結構

　　歸根結底，說故事是種辨識模式的創意行為。作家透過人物、情節與背景，創造出一些地方，讓以前看不見的真相顯露出來。或者，你也可以說，說故事的人設下了連串的點，讓讀者把那些點串聯起來。

——小說家道格拉斯・柯普蘭（Douglas Coupland）

　　做了分析並發現寶貴的見解後，下一個挑戰是決定如何以有意義的方式，向目標受眾展示你的見解。而使用敘事結構來組織資訊，不僅能讓受眾更容易吸收你的內容，也有助於優先處理訊息中的重點。有時，更重要的是，**找出什麼不是重點**。畢竟，把一系列的事實拼湊成有意義的故事，可能與虛構的故事不同。不過，我們還是可以改編經久不衰的戲劇結構，把它套用在資料敘事上。在為資料敘事尋找敘事方法的過程中，我發現三種常見的敘事模型：

1. **亞里斯多德的悲劇結構**。希臘哲學家亞里斯多德是最早在著作《詩學》（*Poetics*）中，研究戲劇基本結構與規則的人之一。對亞里斯多德來說，情節（由連串的事件組成）是故事

的「靈魂」。他認為這是希臘悲劇中最重要的部分，比人物或其他敘事元素還要重要。亞里斯多德認為，故事由連串的因果事件銜接在一起，並組成一個簡單的結構，即開頭、中間、結尾（見圖 6.1）。許多人認為他的故事結構代表三種行為：設定、障礙／對抗、解決。然而，他其實只指出傳統希臘悲劇的兩個關鍵部分：糾葛與解開。那兩個部分代表情節的轉變就像一個結，打結之後再解開。亞里斯多德早在兩千多年前就提出了這套觀點，但他的簡單敘事模型對現今的故事創作方式，仍有很大的影響。

2. **弗萊塔克的金字塔**。德國劇作家兼小說家弗萊塔克研究希臘戲劇與莎士比亞劇作，以了解它們是如何構成的。為了更了解故事的劇情發展，弗萊塔克以亞里斯多德的簡單模型為基礎，開發出更穩健的敘事架構（見圖 6.2）。在著作《戲劇技

亞里斯多德的悲劇結構

中間

糾葛　　解開

開頭　　　　　　　結尾

圖 6.1　亞里斯多德的模型很直截了當，但是對大家如何看待敘事結構有很大的影響。

巧》（*Technique of the Drama*）中，他提出「金字塔型」的戲
劇結構，其中分成五個關鍵階段：

a. **說明（簡介）**：故事的開始，先設定故事背景，介紹主要
人物。它為受眾提供充足的背景資訊，以便了解即將發
生的事情。

b. **情節鋪陳**：連串的事件層層堆疊，直到故事的高潮。

c. **高潮**：故事中最緊繃或最重要的時刻，通常是使主角的
命運變好或變糟的事件。

d. **情節轉弱**：主要衝突發生後，把故事導向最終結果的事
件發展。

e. **收場（結論）**：故事的結尾，所有的衝突都解決了，有待
釐清的細節也獲得了解釋。收場的原文 dénouer 其實是
法文動詞，意指「解開（結）」。

弗萊塔克的金字塔

圖 6.2　弗萊塔克的模型是以亞里斯多德的模型為基礎，再添加更多的
元素，為敘事結構提供更多的指引。

弗萊塔克的模型與亞里斯多德的模型很像，從他提出以來，已有人改編與修改過了。其中，增添的關鍵元素是**刺激事件**，為情節中的重點，也是情節從簡介過渡到行動（或衝突）的開始。如今大家常用弗萊塔克的五階段模型，來分析書籍、戲劇、電影中的各種故事。研究人員甚至以它來分析電視廣告。他們發現，那些緊扣著弗萊塔克戲劇結構的超級盃廣告，獲得較多好評（Rosen 2014）。

哈利・波特與弗萊塔克的金字塔

　　如果你熟悉 J.K. 羅琳的第一本書《哈利波特：神祕的魔法石》，你可以用弗萊塔克的金字塔，來闡釋這本書的敘事結構。從「**說明**」開始，你看到遭到虐待的 11 歲孤兒哈利・波特，住在冷漠的姨媽與姨丈家，只能睡在樓梯下的櫥櫃裡。接著，發生「**刺激事件**」：哈利意外地使用魔法，釋放了動物園的一條蛇並與牠溝通。之後是「**情節鋪陳**」，哈利前往霍格華茲魔法學校就讀，有人正密謀殺害他。之後，哈利對抗殺害其父母的佛地魔，劇情在此達到了「**高潮**」。接著，「**情節轉弱**」，哈利得知鄧布利多校長能阻止佛地魔偷魔法石的計畫。最後，在「**收場**」中，哈利所屬的葛萊分多學院，贏得了霍格華茲學院杯的比賽。哈利與新朋友開心地離開學校去過暑假。你會發現弗萊塔克的金字塔，可以套用在多數熱門的電影與書籍上。

3. **坎伯的英雄旅程**。最後一種模型，由美國神話學家坎伯在 1949 年提出。坎伯研究了不同文化與類型的神話與寓言後，發現它們都依循通用的敘事原型，他稱之為「英雄旅程」（Hero's Journey）或「單一神話」（monomyth）。這個結構的核心是一個被召喚去冒險的英雄，他克服了挑戰，然後以勝利之姿歸返。坎伯把他的原型劃分成 17 個階段，那些階段可分成三個主要部分：啟程、啟蒙、回歸（見圖 6.3）。後來的作者把坎伯的 17 個階段，簡化為 8 到 12 個階段。相較於前面兩種模型，坎伯的模型比較強調故事的核心人物。

坎伯的英雄旅程

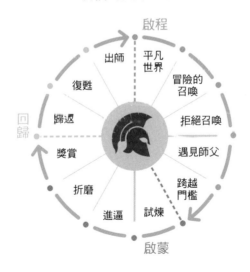

圖 6.3 坎伯的模型更複雜，分好幾個階段，採迴圈模式，而不是三角形或金字塔格式。

他的模型是採用迴圈模式，而不是三角形或金字塔型。盧卡斯最終敲定《星際大戰四部曲：曙光乍現》（*Star Wars: A New Hope*）的劇本時，非常依賴坎伯的模型（Seastrom 2015）。你仔細觀察《星際大戰》的情節，會發現主角路克·天行者經歷了坎伯英雄旅程中的各個階段。

我從資料敘事的角度評估每個敘事模型時，覺得自己像童話《金髮姑娘與三隻熊》（*Goldilocks and the Three Bears*）中的金髮姑娘。我覺得亞里斯多德的「開頭、中間、結尾」結構太簡單了，它沒有充分說明如何建構故事。這種敘事結構缺乏足夠的定義，畢竟很多東西都有開頭、中間、結尾（例如報告或教科書），但它們顯然不是故事。我也覺得以坎伯的多階段模型來組合資料故事太複雜了。那可能對編劇與小說家很有幫助，但是對資料敘事者來說過於複雜，比較沒有助益。我就像金髮姑娘一樣，覺得中間的選項「弗萊塔克的金字塔」，在細節與好用性方面都恰到好處。

我以弗萊塔克的金字塔為基礎，開發出四階段的敘事結構，我稱之為「資料敘事橋段」（見圖 6.4）。

在傳統的文學故事中，說明階段指的是介紹背景細節（地點、時間範圍、情境），和主要人物（外貌、性格、背景）。在資料故事一開始，建立關鍵細節很重要（像是重點方向、時間週期）。你的資料故事裡也許沒有真實的角色，但你可能很關注一群人，例如客戶、員工、投資者等等。因此，資料故事的**設定**，應該為受眾提供「剛剛好」的背景資訊，好讓他們輕鬆了解你分享的資料。許多

資料敘事橋段

3 頓悟時刻
重大發現或
核心見解

2 見解鋪陳
輔助的細節讓人
深入洞悉問題或
機會

4 解方與後續步驟
潛在的選項與建議

1 設定
現況、人物、
鉤子的背景資訊

受眾獲得知識，
採取行動的機率
增加了。

圖 6.4　資料敘事橋段是以弗萊塔克的金字塔為基礎，以四個步驟來講述資料故事。

分析師常犯的錯誤是，在資料故事一開始，就為整個分析流程做深入的摘要。這種方法雖然提供大量的背景資訊，但額外的細節容易讓受眾吃不消，應該放在附錄中。大部分的受眾並不在乎你發現見解的步驟或流程，他們比較想知道你發現了什麼。

　　「設定」階段的關鍵是**鉤子**（Hook），這相當於資料故事的刺激事件。「設定」階段的其他資訊是提供關鍵的背景資訊，鉤子則是值得注意的現象，它是故事的轉捩點，開始揭露問題或機會（有點像「嗯……時刻」）。背景資訊與鉤子的結合，創造出強大的並置效果。受眾應該知道什麼是正常狀態，這樣他們才懂得欣賞不尋常

的狀態。例如，關鍵指標的每日結果突然飆升或驟降，可以作為資料故事的開場。

　　鉤子為受眾介紹值得注意或不尋常的事情之後，下一階段是「**見解鋪陳**」。在這個階段，你更深入探索分析的主題。我們的目標不是提供一堆鬆散的隨機事實，而是以直接鎖定的方式，層層撥開問題或機會的外層。你只需要放入可以推進敘事的資訊，因為不相關或不切題的資訊會削弱資料故事。

　　最終，資料故事會達到高潮，或所謂的「**頓悟時刻**」，你在這個時候分享你的主要發現或核心見解。頓悟時刻是提出清晰的見解，不是像鉤子那樣只是有趣的觀察。至於見解鋪陳要花多少時間，是看高潮以及高潮需要醞釀多久而定。有些核心見解可以輕易解釋，但有些見解需要多種輔助細節，才能讓受眾完全了解或接受。

　　但是，和受眾分享「頓悟時刻」，不表示資料故事就完成了。就像文學故事不會在高潮後馬上結束一樣，資料故事必須繼續前進，並讓受眾知道該如何利用新的見解。為了促成行動與改變，最後的「**解方與後續步驟**」階段對有效的資料敘事來說是必要的。如果你不引導受眾了解不同的選項，他們受到你的見解啟發後，可能不知道該做什麼。如果你不主動提出潛在的解方或討論後續的步驟，可能會失去推動改變的良機。

　　為了示範如何利用敘事模型把分析結果組合成資料故事，我們以簡單的電子商務例子來說明。我不用真的圖表，而是使用假圖，以免陷入視覺化的細節（見圖 6.5）。在「設定」階段，你可以看到

每一季的線上總銷售是呈週期性變化。過去，當年的銷售額（藍色）往往比前一年的同季銷售額高，直到最近才有所改變。不知怎的，本季的業績意外下滑。這個異常現象是這個資料故事的鉤子。

第一個「見解鋪陳」顯示，深灰色產品類別的業績都優於去年，但三種橘色產品類別的業績不如去年。第二個「見解鋪陳」，把這三個產品類別的不同產品或單品（SKU）畫出來。比較低又不受歡迎的象限（產品檢視與訂單都比較少），包含了同一品牌的多項產品。無論有什麼改變，都會影響電子商務網站上銷售的特定品牌商品。

除非品牌問題獲得解決，否則電商團隊的季度銷售將比目標少38％（頓悟時刻）。由於團隊的年終獎金是看銷售目標的達成度而定，你突然引起每個人的興趣與關注。受眾已經準備好進入最後階

電子商務的資料故事範例

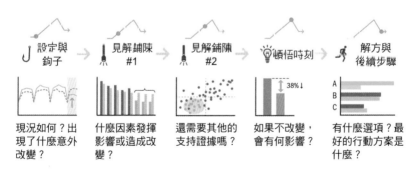

圖 6.5　電子商務的資料故事顯示，四個階段的見解如何結合成有意義的資料故事。根據故事的長度或複雜性，你可能會有數個「見解鋪陳」，也可能完全沒有。

段（解方與後續步驟）。在這個階段，你提到解決那個品牌問題的三個選項。你強調第一個選項的優點（以最少的成本獲得最多的品牌收入），藉此顯示公司如何解決問題並向前邁進。透過這個簡單的例子，你可以看到敘事模型的每個階段，如何塑造出引人注目的資料故事。

相容於商業世界的資料敘事橋段

我提出的敘事架構主要是採「虛構故事」（fiction）的模式，但你在建構商業資訊時，可能是採用其他的溝通模式。我為商業客戶準備資料敘事課程時，他們已經習慣以那些溝通模式，來設計商業簡報。經過一番研究與比較後，我發現「資料敘事橋段」與多種商業溝通模式是相容的。那些商業溝通模式都分成三個階段（類似亞里斯多德的模型）。如圖6.6所示，你可以調整資料故事以便在這些結構中運作。

溝通模式的比較

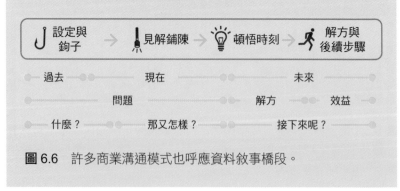

圖6.6　許多商業溝通模式也呼應資料敘事橋段。

為骨架增添血肉的故事點

情節是故事裡發生的事情。每個故事都需要結構，就像每個人都有骨架。每個故事的獨到之處，是看你如何為骨架「增添血肉及衣裝」而定。

——作家卡羅琳・勞倫斯（Caroline Lawrence）

有了基本的敘事結構以後，我們可以開始組合資料點來填充資料故事了。在文學與電影中，作家把不同的情節點串聯起來以推進故事。這些情節點是故事中的曲折、轉折、其他發展，它們推著角色沿著敘事橋段前進。而情節點可能是令人難忘的場景，例如英雄第一次接受師父的訓練、遇到愛慕的對象，或目睹惡棍打敗盟友。

同樣的，資料故事也是由連串的關鍵資料點所組成的，我稱之為「**故事點**」（story point）。從「鉤子」到「頓悟時刻」，再到你的建議，故事點將塑造並建立資料故事的許多場景。而故事點的數量，是看資料故事的深度或廣度而定。一般來說，你的分析中只有一小部分的資料點會變成故事點。而你的故事點大多是探索性的分析階段中，那些引起你注意的關鍵發現或見解。其他的故事點可能只是提供背景資訊或輔助細節，以幫忙形成連貫的敘事，尤其是作為「見解鋪陳」。

2015 年，Tableau 軟體的前推廣者班・瓊斯（Ben Jones）提出七種資料故事的類型。我覺得那很適合拿來定義不同類型的故事點（Jones 2015）。我修改及擴展了瓊斯的七種類型，提出九種常見

的故事點（見圖 6.7）。

　　雖然可能還有其他類型的故事點，但這九類應該足以涵蓋最常見的形式：

1. **隨時間改變**：關注衡量指標如何隨時間改變。比如，顯示某個關鍵指標的趨勢是上揚或下滑（逐漸轉變或急劇改變）。即使趨勢線沒有變化，但你預期有變化時，那就有可能是故事點。例如，公司花錢做安全培訓，但工傷率並未下滑。
2. **關係**：突顯出兩個東西彼此相關。你可以顯示兩種衡量指標之間的正相關或負相關，暗示著兩者之間有、或沒有因果關

九種常見的故事點類型

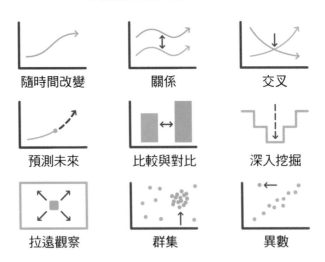

圖 6.7　你的關鍵見解，可能符合這九種常見的故事點類型中的一種。

係。比方說，你可以顯示客戶滿意度高，可能促成客戶續訂率高。

3. **交叉**：顯示一個指標在某個時刻超越或低於另一個指標。一項指標與另一項指標相交，那可能是正面或負面訊號，看情況而定。比如，你可以突顯出新創公司的收入超過成本的時候（終於有盈利了），或收入低於成本的時候（表示仍有營運問題需要解決）。

4. **預測未來**：顯示未來預期發生什麼。其他的故事點主要是把焦點放在已經發生的事情上，這個故事點是預測某個時間點可能發生什麼。例如，你可以顯示城市未來五年的人口成長預測。

5. **比較與對比**：顯示兩個或多個項目之間的相似或相異處。舉例來說，你可以比較兩個工廠的整體設備利用率：一個工廠最近才更新設備，另一個工廠需要升級。這種故事點可能是最熱門的類型，經常出現在多數的資料故事中。而如何讓受眾做簡單的比較，是下一章的重點。

6. **深入挖掘**：從一個指標的整體觀點，轉變成更深入詳細的觀點。本質上，你是以不同的精細度去分解一個整體數字。例如，你從全國的總銷售額開始看起，接著深入探索區域的銷售額，或單店的銷售額。

7. **拉遠觀察**：與深入挖掘故事點正好相反，你是從細膩的觀點，擴展到整體的觀點。比方說，你從單店的銷售額開始看起，然後比較它與同區其他商店的銷售額，或全國商店的平

均銷售額。

8. **群集**：顯示資料集內的資料群聚或分布。某區資料出現大規模的集中時，那可能代表機會或問題。比如，你可以顯示醫院中成本最高的病人，大多是抽菸者。

9. **異數**：顯示與其他資料點顯著不同的異常現象。畢竟，偏離常態可能正是機會或問題所在。例如，你可以顯示，在回購率方面，某種產品的回購率明顯高於同一產品線的其他產品。

你評估故事點時，會發現故事點的類型可能重疊，但多數情況下，會出現一種主導的類型。需要謹記的是，單一的資料視覺化中，可能有一個或多個故事點，故事點與資料視覺化之間不見得有一對一的關係。這也是有些資料視覺化講述的故事比較有說服力的原因，因為它們包含了多個故事點，例如第 4 章米納德繪製的拿破崙地圖。

你構思資料故事時，需要注意敘事流程，以及你的故事點是否構成連貫的故事。而熟悉不同類型的故事點，可以讓你從另一個角度了解該如何打造資料故事。以前述的電子商務為例，你檢視那個資料故事所使用的故事點類型時，會看到不同類型的故事點，如何構成資料故事（見圖 6.8）。

你更了解敘事結構與故事點的概念後，現在已經準備好學習故事板（分鏡腳本），如何幫你把故事點組織成有效的故事情節了。

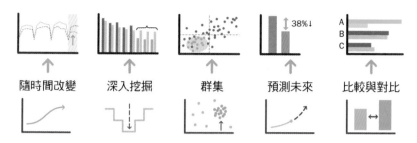

電子商務的例子及其故事點

隨時間改變　　深入挖掘　　群集　　預測未來　　比較與對比

圖 6.8 電子商務的例子運用多種類型的故事點來傳達訊息。雖然你可能常用其中幾種類型，不過了解你可以運用的所有選項很有幫助。

講好資料故事的必備神器

　　故事板的主要價值，是逼你為你做的每件事情找出理由及連貫的作法。

—— 電子教育顧問大衛·貝克（David Becker）

　　1930 年代初期，迪士尼影業開始用故事板（亦即分鏡腳本），來為動畫電影規劃場景順序。如今，這種技術已運用到其他的場合，例如真人電影、簡報、培訓課程等等。在規劃資料故事的結構時，故事板可以幫你組織故事點的流程，並判斷什麼故事點是必要的。無論你是使用便利貼、記事本，還是白板，故事板都能幫你判斷什麼見解應該納入故事中，以及最好的排序方式。它還可以幫你找出可能需要收集更多佐證資料的缺口。在團隊合作的情境中（或許有好幾人提供不同的故事點），故事板提供了統一的觀點，把大

家提出的故事點整合成連貫的資料故事。

　　大家構思故事時，往往是一頭栽入就「開始創作」。然而，在沒有故事板下構思資料故事，等於放棄了重要的機會，無法退一步先思考整個敘事結構的模樣。而故事板可以幫你製作更緊湊、更有影響力的故事，也可以幫你省下很多的時間。請不要浪費時間去產出不見得會納入資料故事的內容，而是先抓出你確切需要什麼。簡單的資料故事可能不太需要故事板，但是如果你的故事有許多故事點，就不該跳過「事先視覺化」這個重要的方法。

　　在說明繪製故事板的四個步驟之前，我想先強調，故事板的主要目的是**建構故事**，而不是決定你要創作哪些資料視覺化內容。在你建立資料故事的流程之前，專注在資料視覺化上只會分散你的注意力。雖然你對如何把資訊視覺化可能有粗略的想法，但最好還是等敘事結構到位以後，才做深入的視覺化。根據故事點組合的方式，你可能發現你從探索性分析中找到的有趣資料圖，對這個故事已經不再重要了。有了這點體悟後，我們接著從故事板流程的第一步開始看起。

第一步：找出你的頓悟時刻

　　第一步是找出分析的主要見解或結論（見圖 6.9），那將成為資料故事的高潮與焦點，也就是頓悟時刻。你選定某個見解以前，應該先執行上一章提過的「那又怎樣？」測試。受眾為什麼要在乎這個見解？它有什麼重要意義？有什麼影響？頓悟時刻不單只是有趣的資料點而已。如果不解釋那些數字對受眾意味著什麼，那就不完

整。例如,你可能發現公司的建案中,目前有 45％ 的建案延遲了 60 天到 90 天。這個資料可能與內部的利害關係人有關、也很有意思,但除非這個資訊能通過「那又怎樣?」測試,否則它是有缺陷的。在你解釋這種延遲,將導致公司必須額外支付 500 萬美元的閒置勞力與設備成本時,這就是你的頓悟時刻。

為你的主要見解加注貨幣價值,受眾會覺得那個見解更具體。多數的決策者是從金錢的角度思考,例如收入、利潤、成本、投資等等。所以,你最好把見解量化,以顯示它對損益表、權益、預算或銀行帳戶的意義。同時,把一個月的數字轉換為一年,以強調其潛在價值。例如,把每月 10 萬美元的收入增加,轉換成**每年**收入

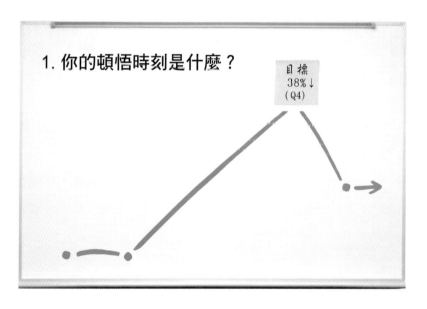

圖 6.9　為資料故事製作故事板的第一步,是找出你的「頓悟時刻」。

多 120 萬美元，可能會獲得較多的關注。注意，不要在無意間降低了你的見解給人的價值感，而導致見解遭到低估；也不要挑選任意或不切實際的時間範圍，以免人為膨脹了見解的價值。

最後，為了確保你的「頓悟時刻」令人難忘，要盡量做到簡潔扼要，最好一句話就講明。那句話是結合你的見解與它的意義或影響。以前述的電子商務例子來說，我可以用下面的句子來表達「頓悟時刻」：

由於 X 品牌的銷售不佳，我們的業績將比季度目標少 38%，那會導致整個團隊的績效獎金不保。

如果你無法用一兩句話來解釋你的「頓悟時刻」，你可能還沒找到核心見解，或不太確定為什麼受眾應該在乎那件事。一旦你可以把見解濃縮成清晰又有說服力的簡潔敘述，更有可能看到資料故事發揮效用。

從「頓悟時刻」開始構思敘事，是為了驗證你有值得講述資料故事的東西。此外，有了這個目標，你就知道該把受眾導向何方。最終，你希望受眾得到的結論和你一樣。而有明確的目標，可以幫你設計正確的路徑。你可以衡量每個故事點把故事推向高潮或頓悟時刻的能力。

第二步：找到起點（鉤子與設定）

確定你需要把受眾帶往何處後，接著必須判斷資料故事該從哪

裡開始（見圖6.10），並建立鉤子（第一）與設定（第二）。找到鉤子之前，你不知道你的設定需要涵蓋什麼才恰當。許多分析師講述資料故事時，直接把分析過程講一遍，那樣做是錯的。他們鉅細靡遺地解釋他們看了什麼，才終於找到值得注意的東西。我把這種方法稱為「分析歷程」（Analysis Journey），那可能是源自於潛意識想要確立資料準確性的渴望，或只是想展示他的分析有多聰明或多徹底。然而，那樣做並無法讓多數受眾產生共鳴，他們只想知道分析的結果，並不想聽你介紹分析的流程（也就是說，他們只想吃蛋糕，不想知道成分或烘焙步驟）。

不要花時間在不必要的資訊上，你必須以關鍵的見解迅速抓住受眾的注意力，吸引他們了解更多的資訊。在製作故事板時，你之

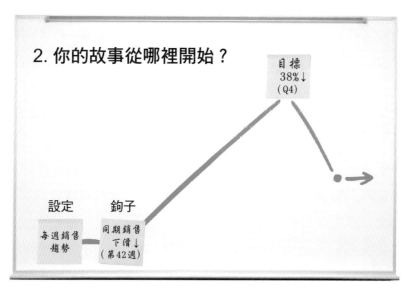

圖 6.10　下一步是找出必要的鉤子與設定。

所以先找出「頓悟時刻」，而不是「鉤子」，是為了確保你掌握了資料故事中最重要的部分：核心見解。畢竟，即使有吸引人的鉤子，你的故事也有可能在沒有明確的目標（頓悟時刻）下，漫無目的地進行。在某些情況下，資料故事的潛在鉤子可能來自受眾。例如，領導者可能在報告中發現異狀或趨勢，並問你那意味著什麼。而一個令人好奇的資料點可透過以下的方式，作為資料故事的切入點：

最近大家注意到第四季的銷售額比去年同期少了 28％。我想向大家說明，這個趨勢可能對……有重大的影響。

然而，其他的情況下，你可能不是因為受眾質疑某個資料點才去做分析。在這種情況下，你需要自己爬梳見解，回想最初在分析階段，引起你注意的是什麼。如果你的分析是為了偵察一件事，你發現的第一個重要線索可能是鉤子。回到第 1 章的 B2C 零售商例子，意外的雙峰（令資料團隊產生「嗯……」的反應）就是一大鉤子，最終讓他們發現了海外轉售商的存在（頓悟時刻）。

在許多情況下，你可能已經注意到，某個衡量指標的轉變，暗示著某個潛在的問題或機會。《簡報女王的故事力》（Resonate）作者南西‧杜爾特（Nancy Duarte）發現，許多卓越的演講者（像是林肯、金恩博士），是把「現實」與「理想」並列在一起，藉此製造衝突（Duarte 2010）。比較現實與理想，可以營造出戲劇性的緊繃感，有助於吸引受眾關注議題。同樣的，你也可以比較重大改變「發生前」與「發生後」的狀態，藉此吸引受眾進入資料故事。例

如，公司的客戶留存率一直是 85％左右，但幾週前，留存率降至 68％（減少 20％）。這種資訊並列同時提供背景資訊與鉤子。它不僅確定了預期的標準（85％），也把差異（縮減 20％）變成引人注目的謎團，可用來吸引受眾的注意力。

找到鉤子以後，接著是評估受眾需要多少背景資訊，才能充分了解鉤子的重要性，這形成故事的設定。如果受眾沒有足夠的背景資訊以了解鉤子，鉤子的影響力可能大打折扣，甚至毫無效果。但是，如果你在設定中提供太多資訊，原本立意良善的背景資訊可能變成雜訊。因此，你需要挑選**剛剛好**的背景資訊，讓受眾自己找到你要分享的故事點。例如，為了了解最近季度銷售額的下降，受眾需要熟悉過去四到八季的季度銷售額。「設定」的目的，是為了讓所有的受眾都有相同的認知。然而，設定不夠簡明扼要時，受眾可能在鉤子出現以前就失去興趣了。

第三步：挑選「見解鋪陳」

現在你已經準備好構思從鉤子到頓悟時刻的故事了（見下頁的圖 6.11）。每個資料故事都不一樣，所以「見解鋪陳」沒有單一型態，也沒有規定一定要有幾個故事點。根據分析結果的深度或廣度，你可能有多個見解鋪陳，也可能完全沒有。不過，雖然從鉤子直接進入頓悟時刻是有可能的，但多數的資料故事都需要輔助資料或故事點，以確保受眾完全了解你的主要見解。

一開始，最好把你的分析中可能納入資料故事的所有故事點都記下來。接著，精挑細選可作為見解鋪陳的資料點。畢竟，不適合

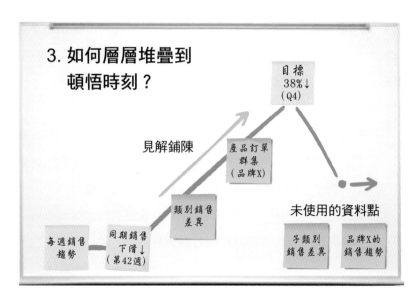

圖 6.11　下一步是以相關的資料點來串聯鉤子與頓悟時刻，這些串起來的資料點就形成資料故事的見解鋪陳。

放在鉤子與頓悟時刻之間的東西，恐怕對你的資料故事沒有意義。而以下問題可以幫你判斷，哪些故事點可作為見解鋪陳：

- **哪些輔助的資料點可以推進情節，或提供關鍵的背景資訊？**
  有些資料點對理解「頓悟時刻」很重要，因為它們提供更深刻的見解，或添加了必要的背景知識。
- **你能在受眾發問以前，搶先以你的見解化解他的疑問嗎？**
  你構思故事時，可以針對你預期受眾可能遇到的關鍵問題，納入一些資訊。某些情況下，受眾可能抗拒某些見

解，這時你可以用恰當的故事點，來化解他們的疑慮。

- **哪些發現出乎意料**？雖然你不想納入不相關的資訊，但你應該突顯出那些可能令受眾感到訝異及興趣大增的不尋常事實。

- **哪些發現即使刪除，也不會影響敘事**？最後檢查納入故事的資料時，你應該確定有沒有資料點是刪除，也不會影響故事的。你可能發現有些見解是畫蛇添足、沒什麼分量，或偏離了主要觀點。就像多數的溝通一樣，資料敘事越精簡越好。誠如上一章末尾強調的，傳達訊息所需要的故事點，可能不像你想的那麼多。先找個對象講一遍故事，可以幫你找出多餘的資訊。

你把「見解鋪陳」畫成故事板，並按照分享的順序排列時，要確保故事點形成流暢的敘述，並以合理的方式排列資料點，讓它們順著受眾的好奇心自然地流動。製作故事板時，你可能發現見解鋪陳有缺口或不太順。因此，你需要做更多的分析，以填補敘事中的缺口，或讓流程變得更平順。畢竟，把故事點納入故事板以前，你恐怕很難預料到敘事缺口或流程不順的情況。不過，這種對細節的關注，正是「只分享見解」與「構思連貫又吸引人的資料故事」之間的區別。

第四步：讓受眾採取行動

把故事塑造到高潮（頓悟時刻）以後，故事尚未結束。如果你

只為受眾中的決策者提供充滿洞見的結論，他們可能不知道該怎麼因應這些新資訊。多數的決策者會想要權衡各種選擇，再做明智的決定。然而，由於他們可能缺乏必要的分析技巧、時間或資源來分析所有的選項，你的核心見解可能最後不了了之。打鐵要趁熱（把握時機），否則「頓悟時刻」所激發的興趣可能會越來越弱，之後又出現更緊迫的事情吸引受眾關注時，你的見解就被擱置了。

　　為了驅動改變與行動，你需要提供「解方與後續步驟」（見圖6.12）。一個**完整的**資料故事，會指引受眾落實你的想法或見解。例如，在電子商務那個例子中，為每個方案做成本效益分析，可以讓受眾考慮不同的選項，更快決定下一步該怎麼走。除了各種選項

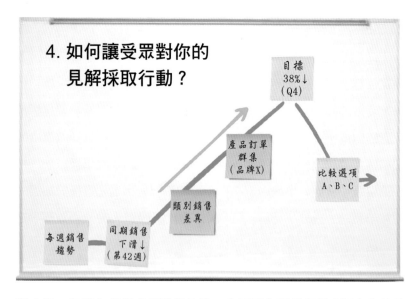

圖6.12　如果你想促成行動與改變，你需要為受眾提供「解方與後續步驟」，幫他們了解該怎麼落實你的見解。

的分析以外，受眾可能很樂於聽你推薦最佳方案或前進路徑。如果你已經徹底分析資料，也塑造出故事，受眾會重視你的判斷。他們或許不完全同意你的評估，但你投入大量的時間與心血準備資料故事之後，他們至少會對你的觀點感興趣。

即使你已經分析了多種選項並提出有力的建議，受眾還是有可能延遲做決定，那表示他們覺得「**不做決定**」的成本，比「**立即決定**」的成本低。資料故事的另一個關鍵部分，是為你發現的問題或機會創造緊迫感。如果你可以從每日或每週的角度去量化「不做決定」的成本，通常能刺激受眾趕快根據你的見解採取行動。例如，你建議電子商務團隊如何提高產品銷售後，可以強調延遲改變恐怕會導致公司每週損失 200 萬美元的營收。一旦你為延遲決策的成本附上金錢數字，受眾更容易了解為什麼他們必須及時做出決策。最終而言，你越了解受眾，就越能夠根據他們的決策風格與偏好，來設計「解方與後續步驟」。

最後，如果你是直接向受眾講述資料故事，你需要預留足夠的時間，讓大家提問及討論。當你面對一群意見多元的利害關係人，這是讓他們認同及產生共識的關鍵步驟。我參加過一場演講，一位經理向一群高階主管講了令人印象深刻的資料故事。他結束演講時，我注意到那些高階主管已經開始收筆電，準備參加下一場會議。那位經理這才赫然發現，他沒有安排時間讓受眾討論他的見解及確定行動方案。幾週後，他又安排了一場會議以討論及決定後續的行動，但過程中已經失去一些動能。如果你精心設計了令人信服的資料故事，並預期那個資料故事會促成提問與討論，就一定要在

資料故事結束時（或期間），為雙向溝通預留足夠的時間。那可能是說服受眾接納你的見解並採取行動的關鍵。

如果沒有答案，該怎麼辦？

某些情況下，你可能有驚人的發現，卻提不出有意義的建議。這可能是因為你欠缺提出恰當方案的權威、專業素養或領域知識。當然，你不該為了符合「資料敘事橋段」模型，而提出不切實際的選項，那樣做只會破壞你的可信度。某些情況下，把資料故事講到「頓悟時刻」，接著就趁機集思廣益，善用受眾的集體知識與資源，來決定最佳行動方案，可能是比較有利的作法。敘事結構可為大家合作解題奠定基礎，並確保團隊清楚了解問題的性質、緊急程度、期望的結果。雖然你不見得知道所有的答案，但還是可以率先尋找解方，並號召能幹又投入的受眾來助你一臂之力。

面對沒有耐心的聽眾時……

我 20 幾歲時，非常衝動，沒有耐心。

——微軟創辦人兼慈善家比爾·蓋茲

我在演講與研討會上分享「資料敘事橋段」後，常有人問我，

資料敘事者該如何因應那些沒耐心、「只想知道事實」的高階主管。這些時間寶貴的人不太可能耐著性子，聽你慢慢講到「頓悟時刻」。你可能只有 10 到 15 分鐘（甚至更短的時間）可以傳達重點。再拖久一點，他們就失去興趣，把注意力轉到更緊迫的議題了。這種情況下，普遍接受的作法是提供一份摘要，一開始就揭露最重要的資訊。然而，第 4 章提過，這種方法消除了你可以從敘事結構中獲得的許多好處。想像一下，你為熱門影片《星際大戰五部曲：帝國大反擊》（*The Empire Strike Back*）準備一份摘要。但一開始就告知「達斯‧維達是天行者的父親」，肯定會毀了多數人的觀影體驗。同樣的，你劈頭就對受眾透露「事實」而不說故事，也會產生同樣的效果。

面對這種受眾，你不能直接開始講資料故事。即使你明白他們想知道你的見解，他們也不會自然而然地接收故事型的資訊。為了配合缺乏耐心的高階主管，你需要為資料故事設計「資料預告」（data trailer）（見下頁的圖 6.13）。就像電影預告片是為了宣傳電影及吸引觀眾一樣，你的資料預告是為了**激起受眾的興趣**，並**讓他們允許**你講述整個故事。電影預告片是以不爆雷的方式來避免破壞故事，但資料預告片是在簡短的「設定與鉤子」中，洩漏重要內容，即：頓悟時刻。當你必須說服不耐煩的老闆或高階主管，相信聆聽資料故事對他們有益時，你必須透露你的見解為什麼值得他們花 20 分鐘關注。聽完資料預告後，高階主管可以選擇說「讓我知道更多資訊」，或表示他沒興趣了解更多的資訊。資料預告不能取代完整的資料故事，它只是種工具，用來獲得高階主管的認可，並

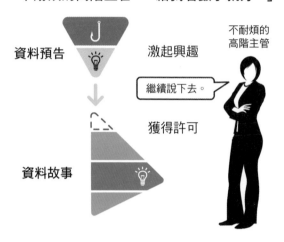

不耐煩的高階主管：「給我看數字就好。」

資料預告 — 激起興趣

不耐煩的
高階主管

繼續說下去。

獲得許可

資料故事

圖 6.13 資料預告是為了激發高階主管的興趣，並讓他允許你講資料故事。如果你獲得許可，你已經設定了資料故事，可以馬上進入見解鋪陳。

邀請他繼續探索資料故事的其餘部分。

　　資料敘事仍是比較新的資料溝通方式。以前，多數的高階主管一再接觸大量令人麻木的資料。所以，他們堅持「只聽事實」，可能是種應對機制，避免資訊超載及接收太多的雜訊。如果有機會，我建議你用簡單的資料故事來測試這種高階主管，即使一開始需要先加入一段資料預告也沒關係。這種高階主管雖然外表看來冷酷，但每個人都喜歡聽好的故事，這是人類的天性。一旦他們體會過有效資料溝通是什麼感覺，他們提倡在整個組織中分享資料故事時，你可別訝異。

找出資料故事中的英雄

我認為最好的故事總是與人物有關,而不是與事件有關,也就是說,最好的故事是由角色驅動的。

——作家史蒂芬·金

角色是故事的重要元素。如果《傲慢與偏見》沒有伊莉莎白·班奈特,或是《哈利波特》系列沒有佛地魔,那會是什麼樣子?雖然故事的情節很重要,但人物(主角與反派)能為故事注入活力,使故事變得趣味盎然。我們看原始資料時,覺得那些資料很冷漠、疏遠、沒有人情味。有些分析師可能比較喜歡讓資料維持一定的超然性與中立感。不過,為了讓你的見解更有吸引力、更有共鳴,你應該考慮揭露數字背後的人物,為受眾提供**人性化**的資料。你可能對自己的見解情有獨鍾,但相較於抽象的資料點,受眾更容易與人物產生共鳴。第 2 章中,我們看到 7 歲的馬利女孩洛淇雅的故事,比非洲各地孩童受苦受難的統計資料更引人關注。你越能突顯出資料中的角色或英雄,你的故事越能引起受眾的共鳴。

幸好,多數資料是直接或間接與人相關,例如顧客、潛在客戶、員工、合作夥伴、病患、公民等等。一些最實用、最有啟發性的資料,是以人們的行為、態度、屬性為基礎。即使你的資料看起來是流程或機器生成的(而不是人工算的),那通常還是可以回溯到人身上。與其把交易資料(流程生成的)視為事業系統的產出,你應該把它想像成個別的消費者或企業客戶的購買行為。比方說,

與其把汽車的感應資料（機器生成的）視為車輛資訊，你應該把它視為反映駕駛人行為模式的資訊。資料故事裡的英雄很可能就站在你面前，你只需要調整參考架構，就能看到他們。

誰是資料故事的「英雄」？

我常聽人說：「受眾是資料故事的英雄。」我覺得這種觀點容易造成混淆及誤導資料故事的重點。這句話的最初目的，可能是為了強調故事應該盡量貼近受眾。但我認為，不必把受眾當成資料故事的主角，也可以達成這個目標。

多數人其實不想成為眾人關注的焦點，他們不想讓人注意到自己的成就或失敗。想像一下，坐著看一部描述你人生故事的電影或戲劇，有多麼尷尬。面對戲中那些不精確的描述及不堪回首的真相，你可能只想奪門而出。不過，受眾確實喜歡看到他們有共鳴及在乎的角色。例如，業務員關心潛在客戶，醫生關懷病人，招募經理關切求職者。你應該根據受眾，在資料中挑選受眾在意的主角。

雖然受眾可能不是資料故事的主角，但我相信他們還是會以不同、但重要的方式，成為英雄。最終，你需要他們英勇地執行你提議的解方。你的資料故事可以讓受眾接納及應用你的見解，在組織的內部創造價值，成為真正的英雄。

從事市場分析多年來，我發覺在資料故事中突顯人物（而不單只是數字），非常有效。我發現行銷方面的受眾喜歡深入了解客戶與潛在客戶，所以在演講中把客戶當成主角，可以引起他們的興趣、關注、支持。下面五個步驟（見圖6.14）顯示，如何把英雄增添到資料故事中：

如何為資料故事添加英雄

圖6.14　這個五步驟的流程，可以幫你為資料故事塑造英雄。

1. **判斷你的見解在哪裡與人產生交集**。某些情況下，可能很容易找出你的分析所涉及的人群。這種情況所面臨的挑戰是，你的焦點範圍應該設多寬或多窄。例如，你可以鎖定一般客戶，或鎖定特定的客群（線上、女性、回頭客）。在其他情況下，你的資料比較抽象，你可能需要評估你的資料與受眾關切的對象之間，有什麼關係。每個受眾感興趣的群體不同。如果你能把你的見解與受眾關切的對象連結起來，你的

故事就能引起受眾的關注。

2. **建立英雄的資料檔案**。在市場行銷與用戶體驗設計上，開發人物角色以幫助行銷人員與設計師了解客戶或用戶的目標、特性、行為，是很常見的作法。每個角色通常是描繪成一個個體，但也代表特定的客群。因此，綜合你為特定的客群所收集的量化資料，就可以為這個英雄增添關鍵特質，塑造角色。你可以根據資料故事的內容，描述不同的面向，例如性別、種族、所在地、所得、興趣等等。有時你可能會加入一些對故事不太重要的細節，以建立令人難忘的有趣角色。

3. **賦予英雄身分**。無論你是否喜歡圖庫的照片，創造英雄時，有個實用的技巧：顯示一張代表性的照片。人性先天上比較容易注意到他人的照片，喬治亞理工學院（Georgia Institute of Technology）與雅虎實驗室（Yahoo Labs）的研究人員發現，Instagram 上有人臉的照片比沒有人臉的照片，更有可能吸引人按讚（多了 38 ％）及留言（多了 32 ％）（Georgia Tech 2014）。在另一項研究中，研究人員發現，把病人的照片與影像學檢查的結果放在一起，可以讓放射科的醫生在分析結果時更有同理心，也更仔細。他們發現，放射科的醫生看到病人照片後，比較容易把患者當人看，而不是默默無名的受驗者（Radiological Society of North America 2008）。精心挑選的圖庫照片有助於吸引受眾，同理，俗氣的照片也可能使他們失去興趣。此外，使用同一模特兒的不同圖像，也有助於展示不同的情緒（沮喪、快樂）或情況／活動（工

作、娛樂）。圖像將使那個英雄明顯成為資料故事中不可分割的一部分。

4. **賦予英雄聲音**。塑造英雄角色時，應該考慮使用質化（非數字）資料，而不是只用量化（數字）資料。如果你能取得調查、訪談、社群媒體、產品評價等資料，你就擁有讓英雄發聲所需要的東西。例如，如果你的分析是關於客戶對政策改變的不滿，展現客戶不滿的好方法，是分享客戶的真實意見。另一方面，展現幾個客戶的中肯評論，可能是說服受眾改變的有效利器。

5. **顯示英雄的旅程**。你的受眾可能知道那個英雄代表誰，但他們或許不了解那個群體的經歷。與其依賴資料點來突顯出他們遇到的糟糕後果或美好結果，你可以向受眾展示那個英雄真正經歷了什麼。讓受眾站在英雄的角度上思考，設身處地去體會他的痛苦或收穫。比如，你可以用螢幕截圖來說明線上申請流程不僅有問題，也令人困惑。或者，也能畫圖顯示申請休假的流程來來回回，很沒有效率。若能幫受眾從不同的角度體會一件事情，就可以讓受眾看到原本從數字與圖表上，看起來沒那麼明顯或緊迫的問題。此外，你也可以顯示英雄的幸福結局是什麼樣子，那與你的建議有關。

　　在資料故事中加入有關聯、可識別的角色，有助於敘事的人性化，也幫受眾從人本的角度了解你的見解。雖然不是每個資料集都可能或容易做到這樣，但只要有機會顯示你的見解對人的影響，你

都應該盡量去做，尤其是受眾很關心那些個體的時候。為數字附上人性化的面孔，可以讓資料變得更平易近人、更有吸引力。

衝突、懸念與 2 + 2 = ？

衝突之於故事，就像聲音之於音樂。

──編劇專家兼作家麥基

在敘事中，衝突是指故事的主角為了實現目標，必須先克服的挑戰或問題。衝突往往是構成**精彩**故事的基本要素。如果奧利佛・崔斯特不是貧苦無依的孤兒，《孤雛淚》還好看嗎？在《魔戒》中，假如佛羅多不覺得魔戒對他造成負擔或腐化，故事會變成怎樣？少了掙扎或障礙，就只剩下無聊乏味的故事。

幸好，資料故事的核心往往有衝突，因為它們主要是想解決問題，或把握未開發的機會。衝突可能源自於**內部**，比如公司、部門或團隊的績效不如過往、低於期望，或未達特定的目標。衝突也可能源自於**外部**，像是你的團隊績效不如其他的團隊、競爭對手或整個產業。即使故事中本來就有衝突，但你就像作家或導演一樣，還是需要決定怎麼在資料敘事中巧妙地運用衝突。

光靠一個問題或未開發的機會帶來衝突，還不見得會吸引受眾。相反的，你如何包裝及陳述那個衝突，才決定了它的影響力有多大。劇作家威廉・阿徹（William Archer）曾說：「戲劇是預期與不確定性的結合。」在資料敘事中有效地運用衝突，可以在受眾的

身上產生類似的戲劇性效果，像是**激發興趣、製造緊張、塑造懸念**。比方說，與其提供問題的基本摘要，你可以從不同的角度或觀點，梳理出問題的獨到特徵：

- 這個問題發生多久？
- 它多常發生？
- 這個問題多普遍？
- 這個問題影響了誰？
- 哪些因素造成這個問題？
- 解決這個問題有多難？
- 如果不解決這個問題，會有什麼後果？

你揭露的資訊越多，這個問題對受眾的意義越深、越重要。雖然你不可能探索所有的觀點，但某些見解可能讓受眾特別有共鳴，**激發他們的興趣**，刺激他們想要了解更多。受眾對問題了解更深時，他們在等待解決方案的過程中，可能會越來越**緊張**。這種緊張感會讓受眾產生情感反應，隨著他們的焦慮與壓力漸增，他們會被吸進你的敘事中。儘管慢性壓力對人體有害，但增添些許的急性壓力是有益的，那可以提高受眾的注意力。

隨著受眾對問題及其解法更加好奇，衝突就會產生**懸念**。喬治亞理工學院的研究人員發現，人一旦處於充滿懸疑氣氛的狀態，會更專注在故事上，不太注意周邊的資訊（Georgia Tech 2015）。在研究中，他們向參試者展示《異形》（*Alien*）、《戰慄遊戲》（*Misery*）

等懸疑電影的場景。參試者看那些場景時，螢幕邊緣出現了閃爍的棋盤圖案。研究人員以磁振造影儀器追蹤參試者的大腦活動，結果發現，隨著劇情的懸疑度增強，參試者的視覺焦點會縮小；懸疑度逐漸消失時，視覺焦點又放寬了。本質上，懸疑事物把我們的注意力導向最關鍵的視覺資訊時，我們就會產生「狹窄視野」（tunnel vision）。

你準備在資料敘事中添加緊張與懸念時，可把「2＋2統合理論」（Unifying Theory of 2+2）當成指導原則。在 2012 年的 TED 演講中，皮克斯的編劇兼導演安德魯·史坦頓（Andrew Stanton），描述這個敘事理論如下：

> 我們先天就是解決問題的人，不得不推論與演繹，因為我們在現實生活中就是做這些事情，這種常態性的資訊不足吸引我們投入……你需要讓觀眾自己去融會貫通，不要直接告訴他們「4」，而是給他們「2＋2」。你提供的元素以及擺放元素的順序，正是你能否吸引觀眾的關鍵（Stanton 2012）。

不要直接對被動的受眾提供答案（「4」），你可以邀請他們一起深入探索數字（「2＋2 是多少？」），藉此激發他們的好奇心及解題技巧。如果受眾可以自己得出同樣的結論（「總和是 4」），他們會對敘事更專注，並體會到溫和的「增生認知負荷」。在前一章中，我們學到這種形式的認知負荷，可以讓你的資訊更容易記住，這不是壞事。以下是在資料敘事中，巧妙運用「2＋2統合理論」

的方法：

1. **接下來發生什麼？** 在這種情況下，你顯示過去的結果以提供背景資訊，然後讓受眾預測接下來會發生什麼。例如，你可以顯示 5 月的行銷活動成果，然後問他們預期 6 月會出現什麼結果。這種方法也會讓你更深入了解受眾先入為主的想法與預期。此外，這也帶來緊張與懸念，因為受眾通常不想出錯，他們會迫不及待想知道實際上發生了什麼。

2. **自己填空。** 你可以揭曉部分的結果，然後請受眾猜你刻意隱藏的資料點。比如，你可以揭露三個地區的銷售額，然後請受眾估計其他地區的銷售狀況。或者，你也可以公布某區出色的業績，但隱藏其糟糕的員工滿意度評分。雖然這種方法需要臆測，但它確實把受眾的想法與假設，清楚地呈現在每位相關人士的面前，包括你與受眾。一旦實際結果令受眾感到震驚或訝異，他們對敘事的關注與興趣會更深。

3. **你看到我的發現了嗎？** 在這種策略中，你是使用沒有任何強調效果或注釋的資料圖表，讓受眾告訴你有什麼不尋常的地方，或什麼東西特別突出。你先給他們時間去評估那張圖表，接著再切換成另一版突顯出關鍵見解的資料圖表。這種方法可能產生幾種不同的結果。第一，受眾可能精確地指出你的發現，覺得自己很聰明，因為他們都觀察到同樣的現象。第二，他們或許注意到你沒發現的事情，並為討論貢獻新的觀點。第三，他們看不出來圖表有什麼異狀，因此你揭

曉答案時，他們很驚訝。受眾從資料中尋找線索時，會感到緊張；他們得知你的發現時，會覺得充滿懸疑感。

小說家威廉・藍迪（William Landay）指出：「好的故事是由衝突、緊張、巨額風險驅動的。」在某些情況下，當你很熟悉受眾，這些技巧可以使你的資料故事更吸引人。然而，使用這些技巧時，需要審慎機靈。比方說，你請受眾參與評估資料時，需要為出乎意料的意見及偏離主題的觀察，做好充分的準備。此外，你的目的不是為了讓受眾猜錯時感到尷尬，也不是為了在他們亟欲知道答案時，刻意吊他們的胃口。若資料敘事者能善用這些技巧，衝突與緊張感有助於吸引受眾專注在你的訊息上。

善用類比，走認知捷徑

沒錯，類比無法決定什麼，但類比讓人感覺更熟悉。
——神經學家兼精神分析學創始者佛洛依德

你的資料敘事是談某個新主題或複雜的主題時，有一種敘事工具也很實用：類比。類比是把**複雜**或**不熟悉**的主題，和較**簡單**或**熟悉**的主題，拿來比較。例如，第 5 章介紹工作記憶的概念時，我把人腦比喻成電腦，並從輸入、資訊處理、記憶組成上，比較兩者。由於多數人都了解電腦的運作原理，把人腦比喻成電腦，能使大家更容易了解大腦的不同功能。類比是很實用的捷徑，可以顯著減少

受眾學習新概念或抽象概念的時間。美國律師達德里・費爾德・馬龍（Dudley Field Malone）曾說：「一個好的類比，相當於 3 小時的討論。」

在資料敘事的過程中，類比也可以用來溝通概念或見解，讓受眾更容易了解與吸收。如果類比有助於促進或加快受眾了解你的見解，不妨把它用在資料故事的任何階段。你不需要花大量的時間解釋新資訊，只要把關鍵的概念與相關的類比綁在一起，就可以加快**知識的傳遞**。例如，你可以把製造商供應鏈目前面臨的挑戰，比喻成鐵人三項。鐵人三項的選手在第一個轉換區（T1：從游泳轉換成單車）遇到麻煩時，那問題會一直影響到後續的賽程，就像供應鏈議題一樣。對鐵人三項的精英選手來說，每個階段的轉換平順又有效率很重要。同樣的，每個環節都運作順暢、有效率，也對製造商及其供應鏈至關重要。

類比也可以用來強化資料敘事的主題或訊息，讓它變得更難忘、更容易反覆強調。你做資料故事的簡報時，類比也創造了使用視覺圖像的機會，為敘事增添情感的力量。而且，即使是運用心理意象來類比，也可以讓你的資料故事更有說服力。例如，你發現業界出現新的競爭對手，正在搶公司的主要客戶。或者，你發現公司內部的流程缺失，抑制了銷售成長。你可以把這些例子比喻成公司面臨新的惡霸，需要打敗。從你的發現中創造反派角色，是吸引大家關注新的威脅或問題的好方法。

文化人類學家瑪麗・凱瑟琳・貝特森（Mary Catherine Bateson）說：「人類是利用隱喻思考，透過故事學習。」好的類比有助於學

習，並為資料故事挹注更多的敘事以補充見解。不過，不小心的話，糟糕的類比很容易讓受眾感到困惑，而削弱了整體故事。為了驗證你的類比是否可靠，你需要考慮以下屬性：

1. **相關嗎**？根據你對受眾的了解，你應該很清楚那個類比的相關性。例如，如果你知道某個利害關係人是賽車愛好者，拿F1賽車來類比可能會讓他產生共鳴。但是對不熟悉這類賽事的受眾來說，可能毫無效果。

2. **合理嗎**？類比是否合適，是看兩個主題有多少相同的屬性而定。兩者之間的相似點越多，類比越有說服力。然而，兩者之間若嚴重脫鉤或不合邏輯，可能會削弱類比的效果。

3. **清楚嗎**？不小心的話，有些類比可能比原始的概念還要複雜。類比需要有一定的熟悉度，既清楚又簡單。如果受眾覺得難以理解兩者之間的相似處，那會增加外在負荷，類比也可能徹底無效。

4. **精簡嗎**？類比溝通越快，效果越強。如果需要花很長的時間去鋪陳與解釋，可能就不值得做那個類比了，因為受眾可能在過程中失去興趣。

5. **有趣嗎**？類比越發人深省，越多人記得。被濫用的枯燥例子很容易遭人遺忘。相反的，**私人的**、**有話題性**、或**意想不到**的事情，會讓受眾更好奇。例如，如果你剛有第一個孩子，「新手父母」這個比喻就帶有個人色彩，多數受眾會覺得很難忽視。另一方面，如果你把目前的定價政策，比喻成失控

的園遊會遊戲，受眾可能很好奇為什麼你會做出這種不尋常的比喻。

　　類比是透過敘事與受眾相連結的強大方法，它也會讓你的想法更吸引人、更平易近人。類比可以用來闡明見解中的次要部分，或突顯出資料故事中的一大主題。注意，不是每個主題都能輕易與類比連在一起。例如，在熱門卡通《辛普森家庭》中，荷馬‧辛普森曾對他的兒子霸子說，女人像冰箱：「高約 183 公分，重達 136 公斤。她們會製冰，還有……嗯……哦，等等，其實，女人更像一杯啤酒」（O'Brien and Archer 1992）。雖然大多數的類比沒那麼糟，但每個類比先天還是有局限性。類比適用的程度，決定它究竟對你的故事是助力，還是阻力。

　　身為資料故事的創作者兼導演，你可以控制你的見解在受眾面前如何展現。雖然多數人很重視資料敘事的視覺化，但是在製作有效的資料故事時，敘事扮演不可或缺的角色。如果你想成為資料敘事者，就必須熟悉敘事的基礎，而不只是熟悉分析或資料視覺化而已。你如何發展資料故事的情節，跟你挑選哪個圖表來傳達見解一樣重要。

　　從這一章，你已經學到敘事如何以資料為基礎，打造出堅固的結構，為接下來要增添的視覺元素做好準備。雖然資料故事不見得一定具備傳統故事的所有特徵，但它們越「像故事」或「以敘事為中心」，越有吸引力。接下來的兩章，將探索資料敘事的最後一大支柱：圖像。它會讓整個故事情節鮮活起來。

Chapter **7**

打造吸睛的視覺場景

一張圖的最大價值，在於它迫使我們注意到出乎意料的東西。

——數學家約翰·圖基（John W. Tukey）

　　1989 年，在剛果民主共和國（前薩伊）的某個偏遠地區，一位 41 歲的瑞典醫生突然面臨攸關生死的局面。最近他建了一個野外實驗室，以便為罕見的麻痺疾病「綁腿病」（konzo）收集研究。然而，一群揮著砍刀的憤怒暴民突然湧進營區。他的口譯員建議他們逃跑，但醫生知道逃跑只會陷入更危險的境地。他決定直接面對那些憤怒的村民。在資源有限及語言障礙下，醫生的溝通技巧成了生死關鍵。

　　這位瑞典醫生迅速翻找了他的背包，拿出一疊照片。照片裡的人是莫三比克與坦尚尼亞因罹患綁腿病而不良於行的人。他記得他抵達當地村莊時，看到幾個孩子身上也有綁腿病的明顯症狀。在緊張的口譯員協助下，他告訴不滿的村民，他認為他知道導致照片中那種疾病的原因，而他們的孩子現在也深受那種疾病所苦。醫生隨

後解釋，他想收集當地人的血液樣本，以幫忙驗證他的研究。村民竊竊私語時，一名攻擊性較強的男子揮著砍刀，再次大叫了起來，煽動人群。

這時突然有位老婦女從人群中走出來，命在旦夕的醫生不禁屏住了呼吸。老婦人轉向村民，提醒他們綁腿病對整個村莊的影響，尤其是他們的孩子。她指出，她自己的孫子深受這種疾病的折磨。她也提到外來的疫苗，如何避免他們的村莊受到其他疾病的侵害。她挽起袖子，伸出手臂捐血，並勸大家也捐血支持醫生的研究。這位睿智的老婦人發言後，許多村民紛紛走上前，暴民靜靜地解散離去（Rosling, Rosling, and Roennlund 2018）。相關的圖像結合熱情的敘事，平息了遙遠的非洲村莊中所爆發的緊張局勢，讓一切好轉。

在我們熟悉的環境中，例如會議室、教室或市政廳，視覺敘事也可以發揮類似的效果。也許我們不是面對憤怒的暴徒，而是被激動的員工、合作夥伴或投資者團團圍住，那種情況也一樣嚇人。雖然你展示的圖像主要是資料圖表，但它們也可以幫你吸引及啟發受眾，那是光靠文字或數字所辦不到的。那位反應機靈的醫生，後來成為運用資料視覺化、在世界各地推動正向改變的提倡者。在接下來的兩章中，你將學習如何在視覺敘事中培養類似的技巧。

如果你看過與資料視覺化有關的 TED 演講，可能已經認識這位瑞典醫生了。他就是已故的卓越資料敘事者漢斯‧羅斯林（Hans Rosling）。在羅斯林成為瑞典卡羅琳學院（Karolinska Institute）的國際衛生教授及熱門的 TED 演講者之前，他在非洲研究飢餓與疾

圖 7.1　羅斯林（1948-2017）

資料來源：Jörgen Hildebrandt，根據 Gapminder.org 的資料。

病長達 20 年。在這段獨特的歷程中，羅斯林掌握了使用統計與視覺化，來塑造精彩故事的訣竅。他在數場 TED 演講中展現了這些技巧，破解了大家對開發中國家與公共衛生的誤解。他的 2006 年 TED 演講「你見過最好的統計數據」（The Best Stats You've Ever Seen）已累積逾 1,300 萬次的點閱數。TED.com 的羅斯林簡介提到，他擅長把看似乏味的資料轉變成精彩的故事：

　　追蹤全球健康與貧困趨勢的演講，想必枯燥乏味。但是到了羅斯林的手中，資料都鮮活了起來。而且，頂多只有模糊樣貌的大局，瞬間變得清晰無比（TED 2019）。

無論是綁腿病患者的照片，還是各國生育率的氣泡圖，羅斯林深知圖像對我們的說服力。為了以更有意義的方式，傳達羅斯林對健康與貧困的見解，他的兒子奧拉（Ola）領導了開發團隊，開發出資料視覺化工具（名叫 Trendalyzer），把全球的公共資料轉化為強大的動畫圖形。然而，羅斯林不是只局限於動畫氣泡圖，他也使用各種實體（例如 Ikea 的盒子、鵝卵石、衛生紙等等），來解釋他的關鍵重點。羅斯林知道人類是視覺的動物，需要**看到**數字，不是光聽到或讀到資料就滿足了。他並沒有預期受眾達到他的知識與專業水準，而是透過巧妙的圖像運用，把他的概念與見解傳達給受眾。雖然羅斯林是罕見的天才，但他的成功主要是因為，他對於人們如何處理視覺資訊有敏銳的了解。事實上，更熟悉人類觀感的運作機制，可以幫你辨識**為什麼**某些視覺方法有效，有些無效。

抓住眼球的視覺法則

目標是提升感知的能力，亦即更了解你是如何看到的，而不只是你看到什麼。

——作家麥可‧齊莫曼（Michael Kimmelman）

人類在解讀與了解周遭世界時，非常依賴視覺。第 2 章提過，大腦皮質有一半以上是用來處理視覺資訊。既然有那麼多的腦力是花在處理視覺，2014 年麻省理工學院的研究結果，就不足為奇了：我們可以在 13 毫秒內處理一幅圖像（Trafton 2014）。由於能快速

處理視覺資訊，大腦能夠迅速指揮眼睛接下來該看什麼。麻省理工學院的瑪麗・波特教授（Mary Potter）指出：「視覺的作用是找到概念，那是大腦成天都在做的事情：試圖了解我們在看什麼。」所以，評估資料集時，若是沒有資料視覺化的輔助，我們很難充分了解數字與統計資料的意義。

1786 年，蘇格蘭工程師威廉・普萊菲（William Playfair）首次導入現代資料圖表。直到 20 世紀的後半葉，大家才體認到，現代的資料圖表在分析中所扮演的重要角色。1970 年代初期，英國統計學家法蘭克・安斯庫姆（Frank Anscombe）越來越擔心統計學家過於關注統計摘要，而忽視了圖表資料在分析中的重要性。他哀歎，他與同行都被灌輸了錯誤的觀念：「數字計算才精確，圖表是粗略的」（Anscombe 1973）。雖然當時的統計套裝軟體不像現在這樣提供豐富的視覺化選項，但它們可以透過程式設計，畫出資料點及生成基本的圖表。

1973 年，安斯庫姆發表了開創性的論文，闡述使用視覺化資料的重要，不能只依賴統計計算。他創造了一個表格，內有四個獨特的資料集。那些資料集的基本統計摘要（均值、變異數、相關性、R 平方）幾乎都一樣。但安斯庫姆以圖表顯示每個資料集的差異有多大（見圖 7.2）。這四張圖後來稱為「安斯庫姆四重奏」（Anscombe's Quartet）。他藉此向大家展示，把資料視覺化是分析流程中的關鍵步驟。圖像對資料分析及有效溝通都非常重要。

你檢視「安斯庫姆四重奏」資料圖表時，是依賴人類與生俱有的「尋找型態」能力，我們的老祖先也是靠那種能力在大自然中存

安斯庫姆四重奏

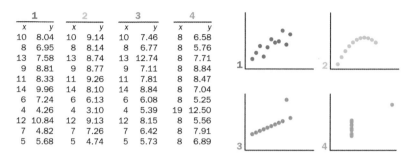

1		2		3		4	
x	y	x	y	x	y	x	y
10	8.04	10	9.14	10	7.46	8	6.58
8	6.95	8	8.14	8	6.77	8	5.76
13	7.58	13	8.74	13	12.74	8	7.71
9	8.81	9	8.77	9	7.11	8	8.84
11	8.33	11	9.26	11	7.81	8	8.47
14	9.96	14	8.10	14	8.84	8	7.04
6	7.24	6	6.13	6	6.08	8	5.25
4	4.26	4	3.10	4	5.39	19	12.50
12	10.84	12	9.13	12	8.15	8	5.56
7	4.82	7	7.26	7	6.42	8	7.91
5	5.68	5	4.74	5	5.73	8	6.89

圖 7.2　儘管這四個資料集的統計摘要很像，但安斯庫姆證明，把它們畫成圖表時，它們的型態截然不同。在沒有資料視覺化的輔助下，幾乎不可能看出差異。

活的。人類思維中的潛意識（亦即第 3 章提到的系統一），是根據多種既有的規則或捷思，不斷地處理視覺刺激。在需要集中注意力時，系統一先根據多種「前注意」（preattentive）屬性（例如顏色、形狀、強度），獲得初步的印象。科林・韋爾（Colin Ware）和史蒂芬・福等資料視覺化專家強調，這些前注意屬性對資訊設計很重要。韋爾指出：「資料以某種方式呈現時，我們很容易察覺資料中的型態。如果我們能了解感知如何運作，我們的知識就可以轉化為展現資訊的規則」（Ware 2013）。

底下每個例子都使用一種前注意屬性，以吸引大家關注一組物件中的特定物件（見下頁的圖 7.3）。

在本章後文你會發現，懂得在資料圖表中突顯或隱藏某些元素，對有效的資料敘事非常重要。比方說，以特定的視覺線索巧妙

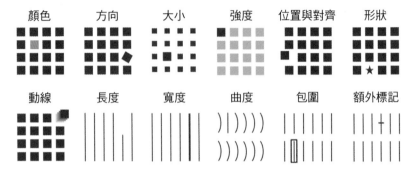

常見的前注意屬性

圖 7.3　前注意屬性幫我們分辨資料視覺化中的異同，這些特質是有效溝通見解的關鍵。

地編碼你的關鍵見解，能讓受眾輕易看出及了解你想傳達的重點。前注意屬性可以吸引受眾關注關鍵的相似處或相異處，藉此傳達資料圖表的設計。例如，直條圖中使用兩種顏色來區分加拿大（紅色）和其他國家（灰色）。此外，了解這些前注意屬性也可以避免誤用，以免在無意間誤導或混淆受眾。本質上，小心運用圖像設計中的前注意屬性，既可強化訊號，也可以減少雜訊。

　　除了「前注意屬性」的概念以外，格式塔理論（Gestalt Theory）的原則，也讓我們更了解與「視覺設計」及「知覺群組」（perceptual grouping）有關的人類感知。1920 年代，德國的格式塔心理學家進行了研究，人類為了了解個別視覺元素，會在潛意識把它們組成群組或型態（這也是系統一在運作）。德文單字 gestalt 的意思是「形狀或形式」。格式塔心理學的創始者之一是心理學家

寇特・考夫卡（Kurt Koffka），他以「整體並不是部分的加總」，來形容格式塔理論。這表示整體與個別的部分有不同的含義。由於資料圖表與表格通常有多種資料元素，格式塔原則可以幫我們預測受眾對整體資料的觀感。格式塔有多種原則，但以下幾個原則與資料敘事有關，也對資料敘事有益（見圖 7.4）：

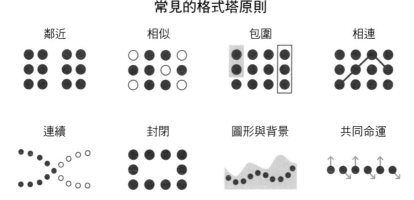

常見的格式塔原則

圖 7.4　這些格式塔原則顯示，人的感知會以不同的方式把資訊組合起來。

1. **鄰近原則**。我們把鄰近的資料元素視為相關的群組。

2. **相似原則**。物品的屬性相似時，我們會把它們歸為一類。而相似性可以根據不同的屬性來區分，例如大小、形狀、顏色等等。

3. **包圍原則**。如果某些元素被線條或物件包圍著，我們會視那

些元素為一組。

4. **相連原則**。我們把線串聯起來的元素視為彼此相關。

5. **連續原則**。我們觀察點時，會把它們視為平順的曲線或連續的線條，而不是崎嶇、斷斷續續的線。

6. **封閉原則**。我們看到線條或形狀中有間隙時，會把它們視為完整的形狀，而不是各自獨立的組成。

7. **圖形與背景原則**。我們覺得前景中的物體與背景中的物體是分開的。

8. **共同命運原則**。如果物體以相同的方向與速度移動，我們會把它們視為一組（主要適用於動畫）。

在下圖中（見圖 7.5），你可以看到「前注意屬性」與「格式塔原則」，深深影響我們偵測型態與群組的能力。即使每一組的物件數量相同，但它們的排列方式改變了我們看待那些物體群組的方式。在視覺敘事中，你主要是靠前注意屬性，來突顯出某些資料點的**重要性**。格式塔原則則是用來顯示**群組**，所以你可以巧妙運用它們來顯示哪些東西彼此相關，哪些彼此無關。

在設計圖像時，需要注意受眾對圖表的內部與外部資訊的觀感。例如，在一條線旁邊添加文字標記可以建立關聯。而把兩張圖放在一起或使用相似的顏色，可以暗示兩者之間的關係。你需要仔細考慮視覺敘事，否則可能在不知不覺中，傳達出你原本無意傳達的事情，導致受眾困惑。你知道這些關鍵的感知概念後，就會在本書後續的例子中看到它們的影響。

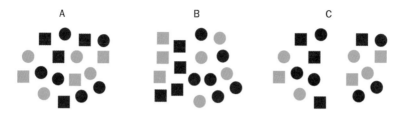

在每個場景中,哪個是主要的視覺屬性?

圖 7.5　在前兩張圖中,相似原則影響我們對群組的觀感。然而,兩者的群組方式不同,A 是以顏色分組,B 則是以形狀分組。在最後一張圖中,鄰近原則定義了我們對群組的觀感。

　　所有的格式塔原則歸結到底,其實是簡潔完美法則(Law of Prägnanz),指人類會盡可能以最簡單的方式,來解讀模糊或複雜的視覺資訊。德語單字 prägnanz 意指簡潔有力。就某些方面來說,簡潔完美法則與奧坎剃刀原則(Occam's Razor principle)相似:最簡單的解方或解釋,可能就是正確答案。簡單、完整、可識別的圖像,比複雜、不完整或不熟悉的圖像,更容易獲得受眾的採納。即使你的資料視覺化很複雜,圖像敘事的首要目標也應該是簡化圖表的解讀。身為資料敘事者,你必須承擔理解的重任,而不是讓受眾來承擔。你的目標是盡可能讓圖像一目了然,讓受眾輕易了解整個故事。當你**順著**人類的感知去安排及設計圖表,而不是**違反**感知去設計時,就有望成為更有效能的資料敘事者。

有「比較」，才有意義

> 我們看周遭的事情時，總是把周遭與他人的關係合起來看。
> ——行為經濟學家兼作家丹·艾瑞利（Dan Ariely）

背景資訊（context，或譯「脈絡」）對任何分析及建議的合理性都非常重要，它有助於釐清主題的設定、情境或環境。如果沒有恰當的背景資訊，你很容易被一小部分的資料誤導，而得出錯誤的結論。此外，如果你分享的資訊缺乏相關的參考架構，受眾也很難做決定。你會發現，多數受眾提問的根源都是因為欠缺背景資訊。一旦你與受眾都有足夠的背景資訊，每個人對他們從資料中得出的結論都會更有信心。

背景資訊也與分析中的一項常見任務相輔相成：比較。當你對主題有足夠的背景資訊，就能更充分地探索資料，並檢查各種因素的重要差異與相似之處。例如，在缺乏背景資訊下，知道公司有1,000 名員工並沒有意義。然而，當你知道這家公司半年前只有500 名員工，就可以看出它發展得多快。再來，你發現收入相似的競爭對手有十倍的員工數時，就會明白這家公司的生產力有多高。在這個例子中，員工總數只有在**增添背景資訊**及**比較**下，才變得有意思。

多數分析的目標，是把整體分解成單獨的組件以便細看。然而，若缺乏參考架構，可能很難理解資料。不過，當你把一組相關的東西排在一起，就有了發現見解所需的背景資訊。

資料視覺化是**顯示**背景資訊的強大方法。資料圖表可以顯示資料中的重要偏離或類似關係，進而促成見解。比方說，許多常見的比較類型就是使用資料圖表來呈現（見圖 7.6）。

五種常見的比較類型

時間	人	地方	流程	東西
→ 小時	→ 個人	→ 郵遞區號	→ 銷售通路	→ 原物料
→ 天	→ 人口統計資料	→ 城市	→ 結帳	→ 產品
→ 週	→ 角色／職位	→ 州／省	→ 招募與就職	→ 功能
→ 月	→ 團隊	→ 國家	→ 製造	→ 資產
→ 季	→ 部門	→ 商店位置	→ 貸款核准	→ 觀點
→ 年	→ 客群	→ 地區／區域	→ 療程	→ 組織

圖 7.6 我們在資料溝通中使用各種比較，它們通常屬於這五種比較之一。根據情境的不同，我們可以比較個別元素（員工、產品），或元素組合（團隊、產品類別）。

即使「比較」不是分析的主要重點，你也會經常檢視個別資料元素或相關的資料集之間的相似與相異處。例如，你分析時間序列時，可能會比較個別的資料點以獲得觀點（比如，一個遠離整體趨勢的異數）。或者，你可能比較某張線圖中的趨勢和其他線圖中的趨勢，以獲得見解。資料視覺化專家塔夫特指出，比較對分析的重要性：

資料分析的基本任務是做精明的比較，我們總是想回答一個問題：「與什麼相比？」歸根結底，那就是做精明的比較，並把它展

現出來（Tufte 2016）。

行為經濟學家艾瑞利在著作《誰說人是理性的》（*Predictably Irrational*）中寫道，比較是決策的關鍵因素，而且「我們不僅先天愛比較東西，也愛比較那些容易相比的東西，避免比較那些不易相比的東西」（Ariely 2009）。無論你的分析多深或多廣，傳達見解有賴一件簡單的事情：**你能不能幫受眾做有意義的比較**。你仔細看資料故事的故事點，會發現故事點大多是以比較或對比為基礎。它們代表資料故事中的關鍵場景，其中有許多是見解鋪陳，它們會吸引受眾的注意力，激發對方的好奇心，並啟發他們的思維。

你為受眾提供圖形對比時，是邀請他們加入你的分析之旅，讓受眾有機會自己做同樣的比較以得出見解。誠如義大利天文學家伽利略所言：「你無法教一個人任何事情，你只能幫他自己發現東西。」為了幫受眾看到你的見解，你的圖像設計必須使「比較」顯得清晰易懂。塔夫特表示：「展現分析的目的，是為了協助受眾辨識證據」（Tufte 2016）。所以，你的重點越難辨識與了解，受眾越不可能知道你想分享什麼。

你製作資料視覺化時，那個圖像至少對一個人有效：**你**，但那不見得對其他人有同樣的效果。如果圖像造成的認知負荷太重，受眾可能開始放空，毫無收穫，**得不到見解，也毫無行動的啟發**。而且，使用探索性分析的資料圖表（**未經編修**）來講解時，通常會導致糟糕的視覺溝通。因為原始資料的比較，比經過設計以突顯出特定差異或相似點的圖，更難消化與解讀。在分析過程中，從「探索

性」**切換到**「解釋性」的能力，是有效的資料敘事者有別於一般資料分享者的地方。為了幫你度過這個關鍵的切換過程，並為你的故事點塑造有效的視覺場景，本章和下一章把焦點放在有效視覺敘事的七個基本原則上（見圖 7.7）。

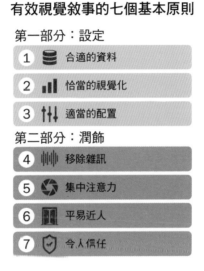

圖 7.7　視覺敘事的七個關鍵原則，分兩大部分：設定與潤飾。

　　我深入探索這些視覺敘事的原則時，目標是為你提供視覺化策略，以強化你的資料比較，幫你傳達關鍵重點。受眾解讀資料時，如果需要花太多心思，視覺敘事往往會失敗。這七個原則將幫你避免無效的視覺敘事方法（例如要求受眾做累人的心算、玩費神的記憶遊戲、做麻煩的交叉比對）。

雖然其他談資料視覺化的書可能更深入探討這些原則的各方面，這裡我只關注資料敘事的解釋性場景。你會在不同的原則中，看到人類感知模型的影響，例如前注意屬性、格式塔理論。而了解大腦處理視覺資訊的原則，可以幫你更了解，什麼東西阻礙或促進資料圖表的有效性。在視覺敘事中注意這些原則，就能實現德國製圖大師亞歷山大・馮・洪堡（Alexander von Humboldt）所提倡的：「動眼，但不勞神。」

　　作者注：本節的所有圖表都是在 Microsoft Excel 中製作的，偶爾搭配 Microsoft PowerPoint 的輔助。雖然我可以使用更高階的資料視覺化工具，但我覺得，為大家示範 Excel 之類的工具可以做出什麼效果很重要，因為 Excel 是多數人普遍都有、也熟悉的軟體。儘管 Excel 的操作靈活好上手，但製作非標準化的圖表時，不見得都很容易。有時也需要土法煉鋼，來製作某些圖像。在我為本書架設的網站上，你可以下載一個 Excel 檔，裡面有第 7 章與第 8 章的所有例子。

原則一：把合適的資料視覺化

　　卓越的統計圖形，是以清晰、精確、有效率的方式，傳達複雜的概念。

——統計學家兼作家塔夫特

資料是資料敘事的三大支柱之一，它構成每個資料故事的基礎。沒有可靠的資料，就很難找到有意義的見解。你發現見解時，可能以為你已經擁有構思資料故事的正確資料了。於是，你把你在探索性分析中所製作的原始圖表直接拿來用。但你沒有想過，若是換成不同的觀點，受眾會不會覺得更生動。例如，我們常使用總值（計數或總和），但使用不同的資料來表達相同的見解可能更有意義（見圖 7.8）。有時，調整一下根本的資料，可以讓圖表變得更出色。

五種值得考慮的資料變化

| 總數 | 百分比變化 | 計算指標（比率） | 增加背景資訊 | 變異數 |

圖 7.8　有時調整一下根本的資料，更能把關鍵的見解傳達給受眾。

　　在下頁的圖 7.9 中，你可以看到公司的月收入，與顧客人數的成長趨勢。這類指標持續上升時，大家通常會覺得這是成長事業的正面訊號。然而，在這個雙 Y 軸的直條圖中，我們很難看出每月收入的成長速度不如客群壯大的速度，因為兩個指標採用不同的尺度。儘管這家公司的顧客越來越多，但新顧客的消費並沒有那麼多。長期來看，這可能是令人擔憂的趨勢。

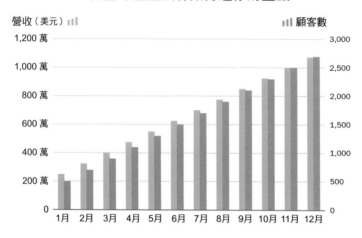

總值可能無法有效傳達你的重點

營收（美元）▫▫▫　　　　　　　　　　▫▫▫ 顧客數

（圖表 Y 軸左側標示：1,200 萬、1,000 萬、800 萬、600 萬、400 萬、200 萬、0；右側標示：3,000、2,500、2,000、1,500、1,000、500、0；X 軸標示：1月 2月 3月 4月 5月 6月 7月 8月 9月 10月 11月 12月）

圖 7.9　在這張雙 Y 軸的圖中，營收與顧客人數都是全年持續成長到年尾。不過，營收的成長速度不如客群壯大的速度。

　　為了顯示每個指標的成長率差異，你可以把資料改成**百分比變化**，而不是使用總數（見圖 7.10）。使用百分比變化，就可以讓基本單位不同的指標共用一個軸，這樣一來，更容易比較兩個指標的變化。不過，在這個例子中，使用百分比變化，也多多少少隱藏了事業受到的影響。

　　另一種方法是繪製**計算指標或比率**（calculated metric or ratio），例如每個顧客的收益。這樣一來，可以更生動地講述故事。在圖 7.11 中，你可以看到，即使每月營收穩步上升，但每個顧客的收益是逐月下滑。有時候，不要只看總數，改用百分比變化或計算指標，可能是傳達重點的更好選擇。

把不同的百分比變化指標，放在相同的百分比軸線上

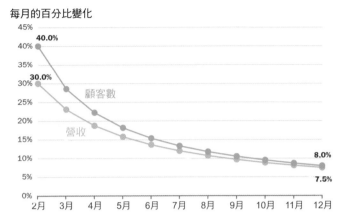

每月的百分比變化

圖 7.10 顯示顧客數與營收的兩個百分比變化指標，可以共用 Y 軸，更好比較。

計算指標可以幫忙釐清問題

營收（美元）

圖 7.11 在第二個軸線上，畫出每個顧客的收益趨勢。如此一來，就可以輕易看出，公司獲得更多的顧客，但新顧客的消費較少。

擁有**恰當的**資料可能是指你的圖像中有足夠的背景資訊，好讓受眾更了解你的重點。IBM 的資料科學家傑夫‧喬納斯（Jeff Jonas）指出：「背景資訊是指，觀察主題周遭的事物，以便更了解主題」（Jonas 2012）。說到資料的背景資訊，我們通常是想到資料的來源（內部或外部系統）、收集方式（觀察、報告）、可能影響資料的外部因素（季節性事件、政策變化）。不過，資料本身也是一種背景資訊。例如，受眾比較兩年的每個顧客的收益時（見圖 7.12），會得到新的觀點。儘管這兩張圖中的 2018 年資料是相同的，但背景資訊的存在，改變了大家對結果的解讀方式。對受眾來說，那可以幫他們迅速看出特定的結果是正面、負面，還是中性的。

　　最後，資料圖可以輕易幫你顯示你想傳達的見解。由於你很熟悉圖像背後的原始資料，你會覺得見解顯而易見，但受眾可能覺得沒那麼明顯。你或許需要以相同的資料，嘗試不同的圖像變化，以

增添的背景資訊可以改變訊息

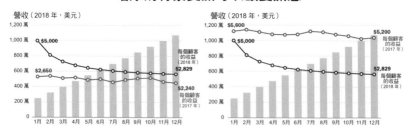

圖 7.12　在兩種對比情境中，增添前一年（2017）的結果作為背景資訊，就改變了兩張圖傳達的訊息。即使兩張圖中的 2018 年資料完全一樣，但背景資訊的存在影響了圖片傳達的內容。（注：這兩例中的營收長條圖其實可以移除，但我選擇保留作為背景資訊。）

找出最適合用來解釋見解的形式。例如，不要讓受眾做比較時還要心算，你應該幫他們算好，直接把焦點放在每組價值的**偏差**或**變異**上。圖 7.13 中，左圖顯示五家工廠在兩年內發生的工安事故次數。如果每年的變化對你的故事很重要，你應該展示恰當的圖表，像是兩年間工安事故變化的歸納圖，讓受眾一眼就看出差異。

差異：幫受眾先算好

每家工廠的工安事故次數
■ 2017　□ 2018

每家工廠兩年間的工安事故差異
（2017-2018）

圖 7.13　左圖需要受眾自己計算每家工廠的兩年差異。右圖已經幫受眾算好差異，把焦點放在每家工廠的兩年差異上。

　　某些情況下，從比較總值變成比較差異，可以使你的觀點更突出、更有力。例如，在下頁的圖 7.14 中，左圖顯示 2017 財政年度與 2018 財政年度的總營收。雖然左圖清楚顯示，2018 財政年度的業績比前一年差，但每年差異沒那麼大。右圖則顯示每年同期的差異。這張圖的走勢更生動地顯示營收的落差越來越大，因此也比較可能引起受眾的關注。事實上，只要稍稍改變根本的資料，就會大幅影響圖表的溝通效果。所以，不要直接使用你在探索性分析中得

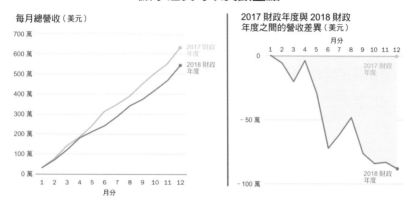

顯示差異可以突顯重點

每月總營收（美元）

700 萬
600 萬 — 2017 財政年度
500 萬 — 2018 財政年度
400 萬
300 萬
200 萬
100 萬
0 萬

1 2 3 4 5 6 7 8 9 10 11 12
月分

2017 財政年度與 2018 財政
年度之間的營收差異（美元）

月分
1 2 3 4 5 6 7 8 9 10 11 12
0

2017 財政
年度

− 50 萬

2018 財政
年度

− 100 萬

圖 7.14 左圖顯示 2018 財政年度的業績不如前一年。不過，右圖把焦點放在營收的差異上，它強調 2018 財政年度與前一年同期的差異有多大。

到的圖表。你可能需要退一步思考，自己是否需要使用新指標、不同的計算，或更相關的背景資料，來修改它們。

原則二：選擇恰當的視覺效果

衡量圖表的重要標準，不是只看我可以多快看出結果，而是把資料畫成圖表後，我能否看出原本很難看到，或者根本看不出來的東西。

——統計學家兼作家威廉・克利夫蘭（William Cleveland）

有了合適的資料後，接著是挑選資料視覺化的方式以顯示見

解。然而，由於資料視覺化的方式有千百種，決定使用哪一種可能很難。在多數情況下，最好先考慮哪種類型的資料視覺化適合你的使用案例（use case）。找到適合的圖表類型後，就可以決定哪個圖表最能傳達你的見解。在以下七個類型中，你會看到商業人士常見或覺得實用的圖表（見圖 7.15）：

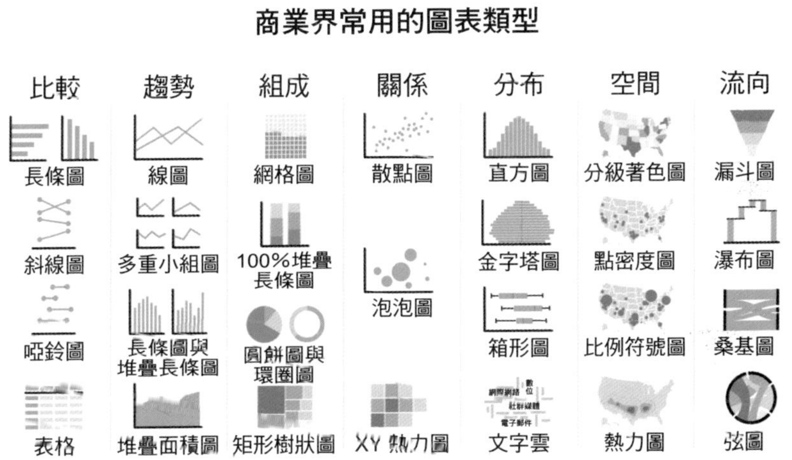

商業界常用的圖表類型

圖 7.15　如果你能為你的使用案例找到合適的圖表類型，就可以挑選什麼圖最適合你的見解。

1. **比較**：這些圖表是用來顯示項目或項目類別之間的相同點與相異點。比方說，你可以使用長條圖，按收入來顯示業務員的績效，以看出誰績效最好、誰績效最差。

2. **趨勢**：這些圖表畫出某物在一段時間內的行為或表現。例如，你可以使用線圖，來顯示過去 12 個月的每月庫存波動。

3. **組成**：這些圖表是用來顯示整體中的組件相對大小。比如，你可以用圓餅圖，來顯示預算分成數個開支領域。

4. **關係**：這些圖表顯示變數之間的關係，以突顯出異數、相關性、群集。舉例來說，你可以用散點圖，來顯示客戶的合約規模與滿意度得分之間的關係。

5. **分布**：這些圖表顯示數值在一個範圍內的分布頻率，並顯示它們的集中趨勢與形狀。例如，你可以使用直方圖，按年齡層來顯示醫院患者的年齡分布。

6. **空間**：這些圖表是把資料覆蓋在地理圖和其他的空間圖上，以顯示行為、型態、異數。比方說，你可以使用點密度圖（dot density map），來顯示某大城市中關鍵客群的集中度。

7. **流向**：這些圖表顯示一組數值透過多種節點、連結或階段，流向另一組數值。例如，你可以使用桑基圖（Sankey diagram），來顯示從你的網站首頁流向其他網頁或區段的流量。

這份圖表類型和資料視覺化的清單雖不完整，卻是不錯的起點，可以幫你評估你需要以哪種圖表來傳達重點。但不要直接使用你剛建好的探索性圖表，而是退一步，自問兩個基本的問題：

- 每個使用案例都搭配恰當的圖表類型嗎？
- 如果使用案例符合圖表類型，你是不是使用那個類型中，最有效的資料視覺化選項來傳達重點？

評估你的使用案例與目前的圖表後，你可能發現你需要換成不同的圖表類型，或挑選出比較適合該使用案例的圖表。你評估那是不是最適合你需求的圖表時，說不定會發現，有些圖表比較能夠突顯出精準的比較，你可能很納悶為什麼會那樣。

　　資料圖表出現後的 200 年間，沒有人能真正解釋，為什麼有些圖表的效果比其他圖表好。1984 年以前，大家都是憑直覺與經驗來挑選圖表。1984 年，AT&T 貝爾實驗室（Bell Labs）的統計學家克利夫蘭與羅伯・麥吉爾（Robert McGill），發表第一篇有關人類圖形感知的科學研究報告（Cleveland and McGill 1984）。他們根據理論與實驗，開發出圖表設計中，常見的十種基本感知任務（perceptual task）。**感知任務**是我們用來解碼，或從圖形中擷取量化資訊的「心智—視覺」努力。研究人員測試每種圖表法，看參試者能否精確地偵測到資料的差異。他們發現，根本的資料相同下，有些圖表可促成比較精確的判斷。下頁的圖 7.16 歸納了他們的主要發現。

　　根據比較的性質，你挑選繪圖法時，應該考慮到你如何把見解視覺化。例如，如果你想讓受眾精確地比較一組數值，直條圖或橫條圖是比熱力圖（heatmap）更好的選擇。然而，如果你想比較通泛的型態，而不是特定的資料點，使用明暗度或色彩飽和度來繪圖，可能是更好的選擇。畢竟，精確的繪圖法有時會因為過度關注特定的資料點，而導致受眾忽略了整體關係，這時可能更適合選用通泛的繪圖法。此外，你會發現，許多圖表需要不只一個感知任務來解讀。比方說，你使用堆疊長條圖（stacked column chart）時（見

克利夫蘭與麥吉爾的圖形感知模型

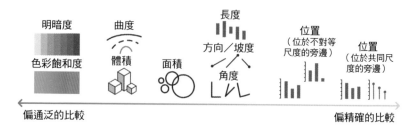

圖 7.16　克利夫蘭與麥吉爾發現，偏向「比較軸」右側那些感知任務的資料視覺化，適合做詳細、精確的比較；偏向「比較軸」左側那些感知任務的資料視覺化，適合做通泛的比較。

圖 7.17），受眾可以一眼看出最底部那一段所對應的垂直尺度，但其他段只能比較長度，無法一眼看出數值，因為它們沒有對齊共同的基線。

資料視覺化專家凱洛認為，克利夫蘭與麥吉爾的感知任務排序是，「根據事實與道理來做決定的寶貴工具，而不是全憑審美觀來做決定」（Cairo 2013）。雖然沒有完美、適用所有情況的架構，但是對資料敘事者來說，如果你的主要目標是做有意義的比較，克利夫蘭與麥吉爾的模型，確實是很實用的指引。使用這套架構，你就可以更客觀地評估，各種資料視覺化的選項如何傳達你的資料。例如，你看那些圓餅圖的繪圖法，會發現它們需要結合「**角度**」與「**面積**」的感知任務，這兩個任務位於感知任務排序的中間。仔細觀察的話，你會注意到圓餅圖和環圈圖（donut chart）的周邊都有「**位置**」的標記，因為它們很像我們常看到的鐘面或錶面。所以，

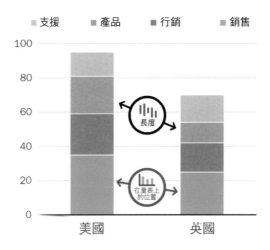

同一圖表中的感知任務可能不同

圖 **7.17** 在這張堆疊長條圖中，只有靠近底部的那一段，可以比較它們在共同量表上的位置。其他段只能比較長度，難以精確。

只有幾個切片時，我們很容易一眼推斷是 25％、50％或 75％。

　　不過，就像我們使用堆疊長條圖所面臨的挑戰一樣，當圓餅圖的切片太多，切片與共同的基線又沒對齊時（本例中，基線是指鐘面 12 點的位置），我們很難判斷切片的大小。畢竟，比較長度已經夠難了，比較弧長又更難。在多數情況下，圓餅圖或環圈圖的切片都需要標注大小，尤其切片大小相似的時候。相比之下，如果你把同樣的資料畫成長條圖，而不是堆疊長條圖，你就可以迅速判斷長條的大小，即使每個長條的尺寸非常相似，你也不需要標注大小（見下頁的圖 7.18）。在多數情況下，你會標注資料圖表。但這個例子顯示，有些類型的圖表在溝通時比較依賴文字。對某些資料視

圓餅圖 vs. 長條圖

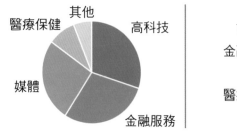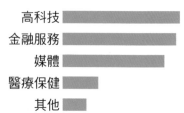

圖 7.18　如果你想顯示來自不同產業的銷售比例，你可以把資料畫成圓餅圖。但不標注實際數值的話，很難看出它們的大小差異。相反的，長條圖即使沒有標注，也可以提供更精確的比較。

覺化來說，標注是必要的；對另一些資料視覺化來說，標注只是為了便利。

熟悉 vs. 新奇

　　決定在資料故事中使用哪種資料圖表的時候，也需要把目標受眾納入考量。對多數的基本比較來說，長條圖是資料視覺化工具箱中的主要工具。這種圖不僅運用廣泛，也為人所知，而且也符合克利夫蘭與麥吉爾模型中最有效的感知任務：位於共同尺度的旁邊。不過，如果你注意到受眾對頻繁出現的長條圖感到厭煩，還有其他的非長條圖可用類似的方式來傳達你的資料。例如，你可以使用**點圖**（dot plot）或**棒棒糖圖**（lollipop plot），來代替長條圖（見圖 7.19）。

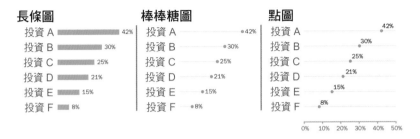

長條圖的替代法：棒棒糖圖與點圖

圖 7.19　棒棒糖圖與點圖是取代長條圖的兩種選擇。它們都可以放在共同尺度上比較，但是在 Microsoft Excel 中比較難畫出這種圖（不是不可能，只是比較難）。

　　某些情境中，你有多項很高的數值，這時使用棒棒糖圖的效果可能比長條圖更好。相反的，使用長條圖時，長條圖的長度與粗細，會導致整張圖顯得擁擠。棒棒糖的梗只是細線，它們可用較淡的墨色表達同樣的數值。不過，你放棄長條圖、改用棒棒糖圖之前，請先了解棒棒糖圖確實有個先天的缺點：每個值都位於棒棒糖圓圈的中心，精確度不如長條圖的邊線。棒棒糖圖與點圖都符合「位置」感知任務（這個特質使長條圖很適合用來做精確的比較）。不過，除非有更多的資料視覺化工具，把這兩種圖納為預設的圖表選項，否則這兩種圖不會像長條圖那樣隨處可見。

　　除了點圖與棒棒糖圖以外，還有其他非標準的變型圖，也很適合拿來做比較。比方說，最近越來越常見的**斜線圖**（slopegraph）就是比較圖，而它也是取代「成對長條圖」（paired column chart 或 paired bar chart）的可行選項（見下頁的圖 7.20）。斜線圖是以連接

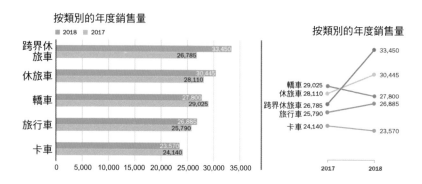

圖 7.20 我們常用長條圖，來比較兩個不同類別或時期的資料。而你也可以使用斜線圖，來表示成對數值之間的差異或變化。

線，來顯示兩個類別的數值之間的差異或變化。雖然成對數值的兩邊類別尺度可能不同（收入與費用），但斜線圖特別適合用來顯示在相同尺度下，一段時間內的變化（像是 2017 年與 2018 年的銷售量）。雖然斜線圖中的尺度可能不太明顯，但它是結合「位在共同尺度的旁邊」與「坡度」繪圖法。因此，斜線圖可用來突顯兩個類別之間的顯著變化率，或關鍵的排序／順序切換。

　　另一個適合用來比較的圖表是啞鈴圖（dumbbell chart），它是點圖的變型，並把焦點放在兩個（或更多）數值之間的差異上。在啞鈴圖中，我們使用「長度」感知任務，來解讀差異。啞鈴圖不需要判斷兩個長條的長度差異，而是直接以啞鈴圖的直線來表達兩者的差異，藉此減輕受眾的認知負荷（見圖 7.21）。啞鈴圖的另一種變型是蝌蚪圖（tadpole chart），它可以顯示改變的方向，適合不同

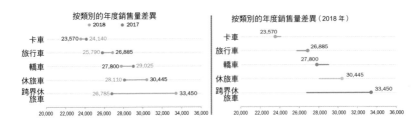

圖 7.21 左邊的啞鈴圖，顯示每個汽車類別的銷售量差異。右邊的蝌蚪圖顯示相同的資料，但強調更近的那年（2018 年）。

時期的比較。

　　無論你選擇以哪種圖表類型來顯示故事點，都要盡量讓受眾輕易了解資訊（簡潔完美法則）。目標是清晰，而不是簡化。根據受眾的好奇度、資料識讀力、耐心，你可以使用大家不太熟悉或比較複雜的資料圖表，只要它清楚就好，不見得要簡潔。然而，你必須考慮到它涉及哪些感知任務，以及資料本質上是容易感知，還是難以感知。克利夫蘭與麥吉爾的模型可以幫你評估許多圖表選項，有助於你為下一個資料故事，挑出恰當的資料視覺化。

原則三：根據訊息調整視覺效果

　　資訊圖應該美觀，但許多設計師在思考架構、資訊本身、圖像該講述的故事以前，先考慮美感。

——資料新聞學教授兼作家凱洛

確定你有恰當的資料視覺化以後，你需要根據你想傳達的資訊來調整圖表。有時你看到演講者試圖講述資料故事，卻搭配不適合的圖像。然而，即使是小小的偏差，也會干擾資料故事的力量。例如，我參加一場由知名市調公司贊助的早餐會。會中，有分析師分享了資料。那份資料顯示過去三年間，大家用來讀取數位內容的裝置偏好，已經從桌上型電腦，轉向智慧型手機與平板電腦。在一張顯示每年資料的投影片中，分析師顯示這三種主要裝置的上網比例（見圖 7.22）。

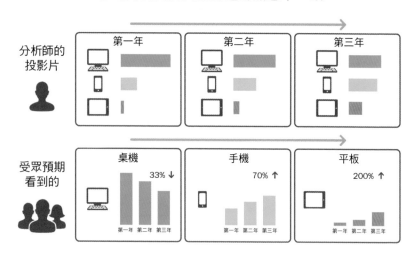

圖 7.22　分析師只關注不同裝置的每年變化。然而，受眾也希望看到每種裝置三年間的變化，以充分了解他的訊息。

他最終展示最近一年三種裝置的資料時，我想看的反而是各種裝置三年間的比例變化。可惜，受眾當下能做的，只能憑他們對前幾張投影片的記憶來評估整體的變化。即使這位分析師指出，數位消費日益從桌上型電腦轉向行動裝置，但他並沒有按裝置類別來顯示整體趨勢，以強化他的觀點。有趣的是，這兩種圖像的資料其實完全相同。然而，內容的定位或結構，限制了受眾可做的比較。因此，分析師錯過了把圖像與其見解更緊密結合、並強化其故事的機會。

　　你為資料故事設計資料視覺化時，需要清楚了解每個圖像的重點。根據你試圖透過每張圖表傳達的訊息，你需要預測受眾將如何吸收這些資訊，以及他們怎麼解讀你的見解。如果受眾一定要先做比較才會了解你的訊息，那麼比較的資訊必須顯而易見。不要讓資料視覺化的結構或走向，干擾了受眾對關鍵見解的理解。換句話說，你不該讓受眾解讀資訊老半天，卻還是抓不到重點。

　　當你想評估你傳達的訊息與圖像是否相符，可以鎖定三個關鍵面向：

1. **把比較的東西放在一起**。盡可能把相互比較的資料元素，放在相鄰的地方。畢竟，相較於位於圖像兩端的資料點，比較兩個並排的資料點容易多了。例如，你顯示三種客群購買不同產品的資料（見下頁的圖 7.23），但產品經理難以比較他負責的個別產品，在不同客群的表現。不過，如果你重新排列長條圖，按客群來細分產品，每個產品經理就很容易評估

讓受眾容易比較

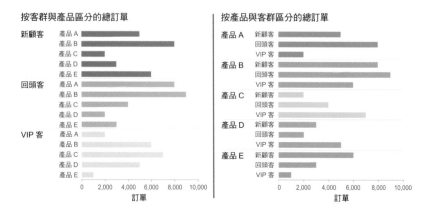

圖 7.23 左圖更容易比較某個客群的不同產品消費，右圖更容易比較某個產品的不同客群消費。資料是一樣的，只是結構不同。根據你想傳達的訊息，其中一個版本可能與你的訊息比較相近。注意：右圖不得不從單色圖切換到五色圖，因為藍色漸變色無法為不同類別提供足夠的對比。

他負責的產品，在不同客群的表現。但是，你需要根據你想傳達的訊息，對齊圖表的結構，把想做的比較放在一起，好讓受眾自行對比。

在某些情況下，你可能想在同一張圖中，容納幾個不同的比較，這在探索性的圖像中很常見。然而，面對解釋性的圖像，你不能那麼貪心。你必須確定哪個比較才是故事的核心。畢竟，雖然其他的比較選項可以提供額外的背景資訊，但它們對故事來說是次要的內容。如果你的資料圖表無法讓受眾輕易感知及領會主要的比較，你必須根據你想傳達的訊

息來調整它，或挑選更好的圖表。例如，下面的背靠背橫條圖（back-to-back bar chart）顯示，部門內男性與女性的平均年薪（見圖 7.24）。這適合比較兩性平均年薪的整體型態（曲度），或評估某個性別不同年分的平均年薪（位置），但不適合比較某年男性與女性的薪水數值（長度）。

讓感知任務符合你想傳達的見解

圖 7.24 這個背靠背橫條圖可以比較男女平均年薪的整體型態（曲度），也能比較某個性別不同年分的平均年薪（位置），但不適合比較某年兩性的年薪差異（長度）。

2. **為比較提供共同的基線**。對堆疊長條圖來說，最容易比較的數值是與共同基線對齊的那一段。若你事先知道你希望受眾關注哪個資料數列，你應該確保它有共同的基線。這種比較

對受眾來說更精確，也較不麻煩。例如，不要使用堆疊長條圖（因為堆疊的數值難以比較），而是考慮使用面板長條圖（panel bar chart），它為每個資料數列各提供一條基線，以便比較（見圖 7.25）。你以 100％堆疊長條圖來展示資料時，受眾很容易從圖表的兩端比較那些分段，但沒有共用的基線時，中間的數值可能很難比較。對於調查中常用來衡量態度與意見的李克特量表來說，發散的堆疊長條圖可以抒解一些比較方面的挑戰。在本例中（見圖 7.26），李克特量表的兩個最極端是位於中間，緊挨著中間軸以便比較。中性值則獨立畫出來，所以很容易看到各類意見的滿意與不滿意的比較程度。根據你的訊息或見解來調整資料的對齊方式，可讓關鍵數值更容易比較。

堆疊長條圖 vs. 面板長條圖

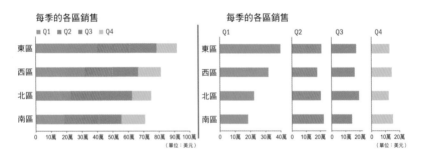

圖 7.25 在堆疊長條圖中，很難比較沒和 Y 軸基線對齊的堆疊值。為了簡化季度業績的評鑑，面板長條圖讓每季都有自己的基線，以便比較。注意：我在本例中加入軸線，但這沒有必要，因為受眾會自行以長條圖的左邊直線作為基線。

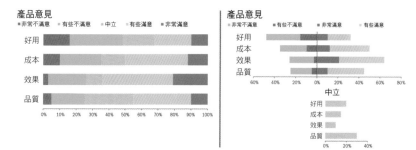

圖 7.26 在 100% 堆疊長條圖中，比較兩端的值很容易，但是中間的值沒有共同的基線。另一方面，發散的長條圖則是透過去除中性值（灰色），來解決問題。雖然比較「有些滿意」與「有些不滿意」的部分還是不容易，但這種配置能使你看出整體的不滿意與滿意水準，它把最極端的值擺在中軸的旁邊。

3. **確保圖表與比較是一致的**。你請受眾同時比較多個圖表時，必須確保那些圖像是一致的。畢竟，即使是微妙或無關緊要的不一致，也會讓受眾傷神，無法如你所想的、讓受眾輕鬆地吸收資料及了解你的重點。一旦資料的**呈現方式**出現小偏誤或差異，受眾會懷疑你究竟是有意為之，還是無心之過。每張圖像的一切（從坐標軸的尺度到顏色與標記）都應該一致。例如，如果你要讓受眾比較兩家公司的股價（見下頁的圖 7.27），資料的格式與結構就不該干擾你傳達的整體見解。

設計構成資料故事場景的圖像時，有時需要在資料的呈現方式

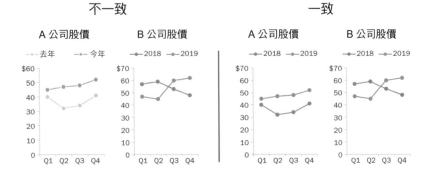

圖 7.27 在左邊，兩個折線圖之間的細微差異可能干擾比較。而右邊，視覺效果一致，所以受眾可以專注地解讀資料差別，不必注意無關的設計差異。注意：為了做出區隔，刻意用獨特的顏色來標示每家公司的 2019 年業績，是可以接受的。

上做些權衡。根據你想強調的資料元素，你可能需要改變圖表的結構，以符合你想傳達的訊息。而注意微妙的繪圖細節（例如鄰近性、對齊性、一致性），可以提高視覺溝通的效果，使資料視覺化與關鍵訊息之間顯得更和諧。

場景設定好了

在第 7 章，我們探索了視覺敘事，而前三個原則是為了組合粗略的視覺場景，以構成資料故事。首先，是確認你有恰當的資料，以便把每個故事點加以視覺化。而你挑選的視覺化資料，可以減弱或放大你想表達的故事點。下一步，是挑選能夠清楚有效地傳達見

解的資料視覺化。雖然你可以用多種方式把相同的資料集加以視覺化，但你應該挑一種對你的比較類型（精確的比較或通泛的比較）有助益的視覺化方法。最後一步，是確保每個圖表都與你想傳達的內容一致。即使你有恰當的圖表，但它的配置或方向可能會讓受眾耗費的心思比你想的還多。

套用前述三個原則以後，接著就進入修潤階段。在電影界，導演在拍完電影的原始素材後，也會進入類似的流程。雖然優秀的攝影技巧很重要，但光有攝影技巧並不能保證電影賣座。在後製階段，各種編輯器把原始影片、音檔、特效，轉化為吸引及娛樂受眾的精彩冒險。在下一章，你將學習如何修潤及精進圖表，以便把你的關鍵見解與訊息，清楚有力地傳達給受眾。

Chapter **8**

讓視覺場景活起來

在分析資料中，我最喜歡的部分，是把枯燥乏味的資料加以視覺化，使它鮮活起來，栩栩如生。

——數學家圖基

　　我為了在一家《財星》500 大公司開資料敘事研討會，準備了一些「大改造」的例子，以顯示如何把他們以前製作的圖表改得更好。這場研討會是為一群博士科學家舉辦的，他們負責以深入的技術專業與研究分析，來支援公司的銷售與行銷團隊。他們平時接觸大量的資料，所以我知道資料識讀力對那群人來說不是問題。然而，我檢視一張圖表，正打算把它拿來當「大改造」的例子時，我發現那張圖表有個常見的缺陷，而且那缺陷出現的頻率比我預期的還高。

　　圖 8.1 中，你可以看到「修改前」的圓餅圖，以及「修改後」的版本（如果我沒發現那個缺陷）。在你繼續閱讀之前，你看得出來這兩張圓餅圖有什麼問題嗎？

你仔細看這兩張圓餅圖時，會發現切片的總和不是 100％，只有 91.8％！這種圖的總和永遠都必須是 100％才行。我上完研討會後（我在會中指出這個關鍵錯誤），一位尷尬的經理來找我，她坦承那張誤導性的圓餅圖是她製作的。她說，她匆忙交差的過程中，不小心忘了把「其他」納入原始的圓餅圖中，這是簡單但嚴重的錯誤。無論是因為粗心，還是缺乏資料識讀力，這類錯誤發生的頻率都太高了。

這個例子顯示，在潤飾及精進圖像之前，先做好設定（確定資料、圖表類型、圖表配置）有多重要。如果你的圖表根本就有缺陷或與你的訊息不符，再多的潤飾也是枉然。你有第 7 章討論的圖像基礎，來支援你的關鍵見解與訊息後，接下來的四個圖像敘事原

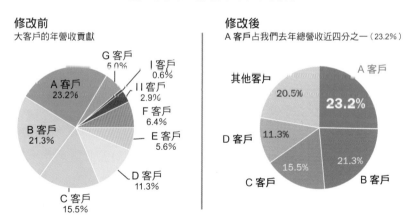

圖 8.1 左邊的原始圓餅圖有許多設計問題，右邊修改過的圓餅圖解決了原始圖表的許多問題，但這兩張圖都有個關鍵缺陷。

則，可以提供最終的「後製」修潤，以釐清及強化你的資料故事所散發的訊號（見圖 8.2）。

精進視覺敘事的七個基本原則

第一部分：設定
1. 合適的資料
2. 恰當的視覺化
3. 適當的配置

第二部分：潤飾
4. 移除雜訊
5. 集中注意力
6. 平易近人
7. 令人信任

圖 8.2　正確設定圖像後，現在需要去蕪存菁，讓它們講述清晰又令人信服的故事。

原則四：消除不必要的雜訊

> 訊號是真相，雜訊使人偏離真相。
>
> ——統計學家兼作家奈特・席佛（Nate Silver）

在探索性的分析階段，你能取得的多數資料幾乎都無法回答你的問題。資料中的雜訊會妨礙你找到訊號，掩蓋你尋找的東西，甚

至把你引入歧途。然而，即使你穿過雜訊，找到有價值的訊號，你與雜訊的奮戰仍未結束。你從**探索性**階段過渡到**解釋性**階段時，需要注意兩件事：第一，**別把分析中那些不必要的雜訊帶到故事中**。第二，你把故事點加以視覺化時，**不要在無意間製造雜訊**。知名抽象派畫家漢斯・霍夫曼（Hans Hofmann）建議，你需要消除「不必要的東西，讓必要的東西說話」，以簡化圖像。

　　想要減少圖像中的雜訊，第一步是評估你視覺化的資料。如果你能簡化及整理資訊，就能減少雜訊。在第 5 章，你學到不同類型的認知負荷。而簡化資料在圖像中呈現的方式，就是在管理受眾解讀圖像時，需要花費的心思。畢竟，資料的可變性與數量會產生**內在雜訊**（intrinsic noise），進而干擾你的故事。為了把這種潛在的雜訊降到最低，我們可以借鑒資料新聞界的經驗。黃慧敏（Dona Wong）在《5 分鐘打動人的視覺簡報》（*The Wall Street Journal Guide to Information Graphics*）這本豐富的好書中，列出多種經驗法則。那些法則不僅對資料記者有益，也對所有的資料敘事者有幫助。我們可以從她在資料新聞界的最佳實務作法，歸納出三種關鍵方法，來加強圖像的「訊號雜訊比」（signal-to-noise ratio，或稱「訊噪比」），及減少內在雜訊：

1. **刪除多餘的資料**。你分析資料時，不太可能限制你檢視的資料量。你將持續探索越來越多的資料，直到你產生見解為止。然而，在探索的過程中，你會撒下越來越大的網，並可能得到更多的類別、資料序列、時段、細微資料，甚至比你

構思資料故事所需要的資料還多。而把資料視覺化以後，一個很好的步驟，是判斷你需要哪些資料元素以表達觀點。基本上，任何視覺化資訊只要與你的訊息不直接相關，或沒有提供必要的背景資訊，就可以移除。例如，不要在折線圖中包含多個資料序列，只要包含幾個資料序列以便比較就夠了（見圖 8.3）。你可以根據熟悉度、相關性、獨特性、重要性或基準效用來排列某些元素的優先順位。黃慧敏建議，「如果線沒有許多相交點，最多只放三條或四條線」（Wong 2010）。

2. **匯總不太重要的資料**。分析結果中常有一個「長尾」，裡面包含了不重要的小數值。帕雷托原理（Pareto Principle，又稱 80 ／ 20 法則）強調，多數的結果或產出，是來自少數的

簡化「義大利麵圖」以減少雜訊

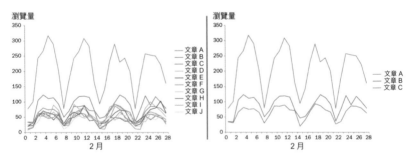

圖 8.3 左邊那個令人混淆的義大利麵圖（spaghetti chart），顯示不同網頁的流量。為了簡化及整理那張圖，我們把它改成只剩三條線。右邊的線圖使用這種刪除法，所以雜訊較少，但依然為比較提供了背景資訊。

原因或投入（例如，80％的銷售來自20％的客戶）。這表示，除了直接促成故事的資訊以外，還有一部分資料是不相關的，它們可能只是雜訊。你使用組成圖（如圓餅圖、環圈圖、堆疊長條圖）時，可以把較小的部分彙整成一群。例如，黃慧敏建議圓餅圖不該超過五個切片，並建議把不太重要的小切片合併成第五切片，並標記為「其他」（見圖8.4）。

3. **分開重疊的資料**。某些圖表有繁多、重疊的資料（例如折線圖、斜線圖或散點圖），你可以使用**構面**或**分組**技術（faceting，亦即把資料畫成組圖，而不是只有一張圖，也稱為面板圖或多重小組圖〔small multiple〕），把不同的面向加以視覺化，以減少雜訊。在上一章中，我使用面板長條圖來分解堆疊長條圖（見頁258的圖7.25），但分組技術也可以套用在各種圖表上。比如，有多條線的折線圖可能難以解讀，常稱為義大利麵圖。然而，你為資料的不同部分分組或

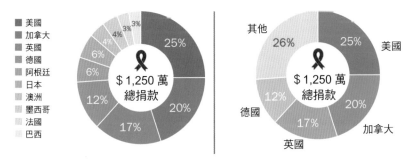

圖 8.4 為了簡化左邊的環圈圖，較小的切片合併成右圖的「其他」切片。

建立面板時，更容易查看個別圖表的型態及做比較（見圖8.5）。另一個可能看到重疊資料的例子，是雙 Y 軸的圖表。除非視覺化的兩個指標之間存在著有意義的關係，否則最好在個別的圖表中顯示資料。

除了管理資料視覺化的方法以減少雜訊以外，你也可以減輕外在認知負荷，來降低視覺干擾。在這些情況下，資料周遭的非相關資訊與設計元素，都可能造成**外部雜訊**（extraneous noise）。資料敘事者的糟糕設計或展示決定，可能在無意間干擾了想要溝通的訊息。而這種形式的雜訊，會發生在宏觀層面與微觀層面。

從**宏觀**層面來看，資料故事的故事點將形成一系列的視覺場景。而每個故事點，都是各自的場景焦點。單一場景包含必要的圖

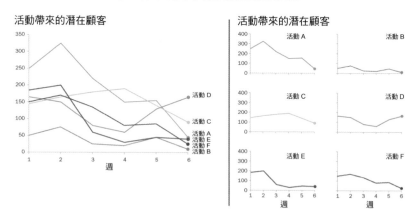

使用面板圖來隔開層層的雜訊

圖 8.5 把左邊繁雜的折線圖分成多個面板折線圖，更容易比較。

像與文字，以解釋特定的故事點。因此，根據你陳述資料故事的方式，場景可以採用不同的形式（見圖 8.6）。比方說，最常見的場景形式，是簡報的投影片或靜態圖像。然而，場景也可以在影片中按順序出現，或是在報告或資訊圖表中，以不同的單元呈現。或者，場景也可以是互動體驗的一部分。在這種體驗中，受眾可以使用捲動、標記、點擊或其他方法，在不同的故事點之間移動。

在這種視覺場景的背景中，當一個場景出現多個故事點，外部雜訊是發生在宏觀層面。基本上，這表示你需要限制你的場景，只突顯一個圖像。儘管同一場景中也可以放很多圖表，但先決條件是，它們都與單一故事點有關聯。例如，你可以把兩張圖並列在一起，以顯示兩個銷售團隊的不同績效。雖然這是兩張個別的圖表，但它們一起支援一個重點：A 團隊的績效遠遠超過 B 團隊。不過，如果兩張圖表其實是支援不同的故事點（A 團隊的銷售業績，與留住業務員的議題），那就會導致場景雜亂無章，受眾難以理解。

單獨來看，每個故事點都不是雜訊，但它們占據同一場景時，就會干擾另一個故事點的訊息。為了減少這個外部的宏觀雜訊，你

展示資料故事場景的不同方法

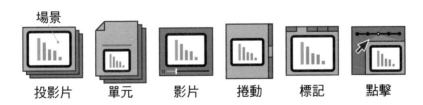

場景					
投影片	單元	影片	捲動	標記	點擊

圖 8.6　展示資料故事場景的多種方式。

需要精挑細選。除非要理解該見解確實需要動用多個圖表，否則不要這樣做。如果你對多重圖表有疑慮，最好以個別的圖表呈現不同的場景，避免增添混亂。

表 8.1　圖表垃圾的例子

	較多圖表垃圾	較少圖表垃圾
3D 效果：為圖表增添立體效果可能扭曲資訊，使它難以解讀。如果你想方便受眾比較，盡量避免使用 3D 圖表。		
深色格線：深色格線或粗線可能與前景的資訊互相競爭。儘管格線有明顯的效用，可以幫受眾評估資料。然而，它們應該是隱約的（細的、淺色的），以免喧賓奪主，蓋過核心資訊。		
隨便使用顏色：在資料敘事工具箱中，顏色是強大的工具。但在圖表中，大家常隨便使用顏色。顏色應該有目的地傳達圖表中的重點（見原則五）。		
精細的尺度：問題不是資料太複雜，而是垂直軸或水平軸的尺度過於詳細。簡化尺度可能有助益，以免受眾承擔不必要的細節。		
藝術效果：陰影、斜面、梯度等設計特效，常用來為圖表增添「視覺效果」，但這些效果若是令人分心，導致受眾難以比較，就應該避免。		
過度標記：雖然為資料點添加標記是必要的，但全面添加標記會增添大量的文字雜訊。最好是選擇性地為攸關故事的重點，添加標記。		

遺憾的是,使用不同的分析工具時,這些產品的預設圖表,通常包含各種形式的圖表垃圾。當然,你研究資料的時候,可以忽略非必要的視覺元素,所產生的外部雜訊。不過,一旦你準備與他人分享見解,就會需要編輯或重建圖像。不要讓垃圾圖表發出雜訊,阻礙受眾,干擾訊息。雖然外在雜訊可能很隱約,但它會為你的資料溝通增加少量的心智阻力。畢竟,糟糕的視覺設計會給受眾帶來不必要的認知負荷,妨礙他們了解你的訊息。

原則五:把注意力集中在重點上

有天賦的人只看關鍵重點,其他都是多餘的。

——哲學家兼作家湯瑪斯・卡萊爾(Thomas Carlyle)

即使你已經從圖像移除雜訊了,受眾可能還是覺得你分享的資訊太豐富,他們難以全部吸收。諾貝爾經濟學獎得主司馬賀指出,資訊「消耗接收者的注意力」。因此,豐富的資訊會導致注意力的匱乏(Simon 1971)。資料敘事者的關鍵任務是,引導受眾的注意力到每個圖像的重點上。畢竟,不是所有的資料都一樣重要。有些資料點與你的結論或論點直接相關,其他的資料點則是為了提供背景資訊或比較的原因。你需要建立資訊層次,讓受眾知道你希望他們關注什麼。在這一節中,我將提出四種引導受眾關注重點的有效方法:**顏色對比、文字、排版與分層**。

顏色對比

顏色屬於「前注意屬性」，是你可以自由運用的強大工具。而且，巧妙地使用顏色時，可以幫受眾注意到他們可能原本沒看到的東西。不過，重點不是顏色本身，而是顏色對比。例如，如果你要數每組數字中有幾個 8，中間那種方式因顏色對比，最容易看出（見圖 8.7）。

顏色可以是訊號，也能是雜訊

1094839875	1094839875	1094839875
8930431716	8930431716	8930431716
2394851204	2394851204	2394851204
1158902859	1158902859	1158902859
9387284016	9387284016	9387284016

圖 8.7　中間那些數字以藍色與淺灰色做顏色對比，更容易注意及計算有幾個 8。

你身為資料故事的導演，顏色對比可以幫你控制你要在圖像的前景與背景中突顯什麼。你可以用一種獨特的顏色來突顯某些資料點，使它們變成前景，然後使用灰階效果，把不太重要的東西變成背景。例如，前述的各種活動帶來的潛在顧客圖中（見頁 268 的圖 8.5），你可以用顏色來突顯出某個關鍵活動，但在其他活動上套用灰階效果，讓它們成為相關的背景資訊（見圖 8.8）。

你在圖像中巧妙地使用顏色時，一定要注意顏色如何把資訊融

入圖表中。在圖 8.8 中，橘色與活動 D 相關。在資料故事的其餘部分，你需要以同樣的顏色代表活動 D，否則顏色不一致會增添不必要的認知負荷。如果你要在隨後的圖表中鎖定不同的活動（活動 A），你應該用不同的顏色，讓受眾輕易看出焦點的轉移。顏色可以突顯出特定的重點，尤其使用上前後一致又有目的時，效果更強。但切記，同時使用太多的顏色，可能使顏色迅速淪為雜訊。如果你是偶爾使用鮮豔的顏色，效果比較顯著。

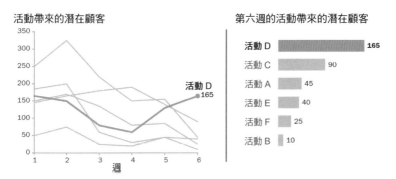

選擇前景與背景的資料

圖 8.8　以顏色突顯主要的見解，對次要的資訊使用灰階效果，這樣就能確立圖像中的前景與背景內容。

調色板的力量

資料視覺化設計師艾倫・威爾森（Alan Wilson）撰

顏色在資料視覺化中常遭到誤用，但它也是強大的工具，可以吸引受眾，幫他們更了解你的資料。關鍵是了解你正在視覺化的資料類型，以及顏色如何改善受眾的認知。而顏色代表資訊的方式主要有三種，如果你了解它們，就可以避免因濫用顏色而造成的多數錯誤。

　　連續的調色板：你有一個數字範圍時（例如營收或物品計數），可以為它們指定連續漸變的顏色，或分成多格顏色（見圖8.9）。那個數字範圍的最大值與最小值，分別位於色標的兩端。在這種情況下，要注意幾點：

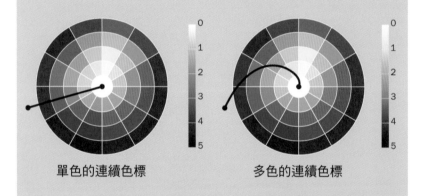

單色的連續色標　　　　　　　多色的連續色標

圖8.9　左邊的色標只使用單一色調，右邊是融合兩種顏色。

- 以較暗的顏色代表較大的數值（因為較暗的數值與較密、較大的數值有關）。
- 改變顏色的色調，不是只改變亮度。那會讓顏色更漂

亮，也讓資料更容易閱讀，因為色標上的任兩部分都彼此不同。

- 色標的暗端使用先天較深（冷）的色調，例如藍色與紫色；色標的亮端使用先天較淺的色調，例如綠色與黃色。
- 不要使用太多顏色。研究顯示，顏色太多的色標難以精確表達。

分散的調色板：這個色標代表一個數字範圍，它的中點是有意義的（例如投資報酬率）（見圖 8.10）。前述許多有關連續顏色的規則也適用於此，還有一些額外的注意事項：

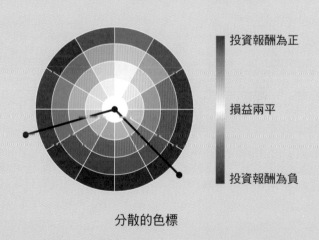

投資報酬為正

損益兩平

投資報酬為負

分散的色標

圖 8.10　在中點有意義的數字範圍中，可用分散的調色板。

- 讓兩個連續色標共用一個低值（淺色），那個低值就變成分散調色板的中點。
- 確保每個色標的色調不要太接近，否則它們與中點的距離將被隱藏，而不是突顯出來。

類別調色板：你有類別資料（例如客戶類型或銷售區域）時，可用不一樣的顏色來區分不同類別（見圖 8.11）。這種調色板雖然有用，但也最常遭到濫用，所以你需要注意以下幾點：

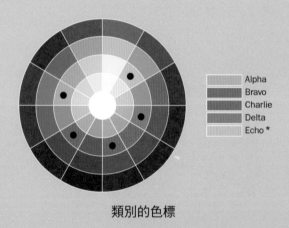

類別的色標

圖 8.11 　使用類別調色板時，應該使用獨特的色調以突顯彼此。

---

* 　此為北約音標字母（NATO phonetic alphabet），指對話雙方利用單字確認字母，避免混淆。比方說，以 Alpha 代替 A、Bravo 代替 B，以此類推。

- 盡可能少用顏色：研究顯示，人類的認知能力在使用三到四種顏色時最好，使用六種顏色以上就開始渙散。
- 選擇色調獨特、不難區分的顏色。類別顏色的主要目標是讓用戶分辨類別，所以色調必須獨特。
- 盡可能按色調來排列顏色。比方說，按自然的顏色順序來排列（像是彩虹），可突顯其外觀。
- 賦予顏色相同的相對亮度，它們應該感覺像同一色系。
- 注意連續配色，因為受眾可能會把較深的顏色與較大的數字聯想在一起。
- 避免使用色盲者難以辨識的調色板，例如紅色與綠色。

顏色的運用要做到恰到好處很難，即使是經驗豐富的設計師，也要花時間確保用色符合訊息。幸好，有許多卓越的顏色工具，可以用來繪製資料圖。你可以參考以下的資源：ColorBrewer 2.0、Chroma.js Color Scale Helper、Viz Palette、Colorgorical。

文字

儘管文字在圖表中似乎是次要的，但文字可以作為關鍵的指引，把受眾導向正確的方向。事實上，文字可以透過兩種關鍵的方式巧妙地吸引注意力：**標題**與**注解**。

圖表的標題是資料視覺化中最突出、但常遭到誤用的部分。我們常在圖表上寫**描述性**的標題，而不是**解釋性**的標題，因此浪費了那個寶貴的空間。例如，你常看到「業務員的每月營收」、「年度預算支出」、「各地投訴數量」等描述性的通泛標題。一般情況下，這些標示是功能性的。然而，你用資料講述故事時，必須把握機會，利用標題來強調每個圖像的重點。與其寫「業務員的每月營收」，你應該突顯出該圖的重點：「西北地區包辦十大業務員中的七名」（見圖 8.12）。在資料敘事中，標題可以加強敘事，幫忙塑造你希望受眾關注的東西。

　　除了圖表的標題以外，注解是用文字引導受眾走向正軌的另一種方法。一項研究對 130 幾個新聞相關的圖表做了資料新聞的研究，結果發現，注解可分兩大類：**觀察性**與**添加性**（Diakopoulos

圖 8.12　雖然你可以看出左圖的重點，但解釋性的標題可以幫受眾迅速找到圖像中的重點。由於「西北地區」是藍的，所以圖標可有可無。

2013）。觀察性的注解讓人注意到資料的有趣特色。例如，觀察性的注解可能突顯出資料中，受眾應該注意的某個異數或一套極端值。添加性的注解則是提供資料中沒有描述的背景資訊。比方說，這類注解可能解釋，為什麼資料收集問題導致某指標急劇下降。在某些情況下，你可以使用混合注解，同時提供觀察重點及添加的背景資訊。

每個注解都應該包含帶有某種「連接符」（connector）的文字，以連向某個資料點或一組資料點（見圖 8.13）。「浮動」或未連接的注解可能令受眾困惑，因為受眾不知道那些注解是指圖像的哪一部分。某些情況下，你可以使用顏色，把注解更緊密地連到圖中的某

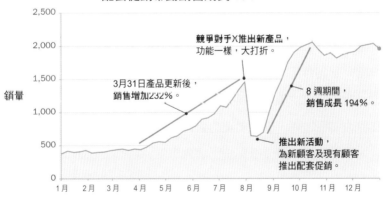

圖 8.13 這個區域圖中混合了觀察性（194％）、添加性（競爭對手 X、新活動）、混合性（產品更新後，銷售增加 232％）的注解，以引導受眾關注資料中最顯著的部分。

色資料。然而，注解不該模糊任何資料，也不該離實際的資料太遠。注解必須要有目的，不然過多的注解可能淪為雜訊。一般來說，注解應該盡可能簡潔。不過，如果你是把資料故事間接地傳給受眾，注解可能比較長。

你在圖表內或圖表的周圍加注解時，需要確保它們有合理的動線或視覺層次，以便受眾了解。一般人是從左上方開始尋找視覺焦點，接著焦點往右移，然後再沿著對角線移動，動線類似「Z」。如果你不希望受眾採用這個流程，你需要套用其他的視覺技巧，來引導他們沿著你想要的路徑移動（例如利用編號、大小差異）。如果你不確定受眾如何閱讀你的注解，可以先問同事，他怎麼閱讀那個圖表中的內容。

排版

由於文字是圖像的必備要件，我們可以利用排版來突顯重要的資訊，以吸引受眾關注。尤其，字體類型、大小、粗細、顏色都可以用來強調特定的文字，讓它從內容中脫穎而出（見圖 8.14）。修改一個或多個排版元素的目的，是為了在突顯的文字（或數字）與其餘的文字之間，創造**明顯的對比**。而巧妙地運用排版，可以讓圖像更容易瀏覽，讓受眾更快了解故事點的精華。然而，為了讓修改後的文字吸引受眾關注，那些文字需要有足夠的對比。因此，排版應該只用在你想突顯的關鍵內容上。例如，如果圖表中的所有文字都是**粗體**，那就毫無特殊之處了。由於粗體文字不帶任何意義，那只是為圖像增添「圖表垃圾」而已。

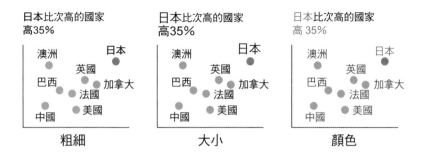

圖 8.14 粗細、大小、顏色等排版元素，可把注意力吸引到圖像中的特定資訊上。必要時，你也可以結合這些元素以增添更多的對比。

分層

　　有些資料視覺化本來就複雜，無可避免。這些圖像難以引導受眾走向特定的方向，也無助於他們迅速解讀資料。甚至，你抓到機會強調見解以前，資訊的複雜性或豐富性，可能已經讓受眾吃不消或分心了。遇到這種情況，你不必顯示詳細資料圖表的全部內容，而是把它分層或分段，比較好處理。你可以用循序漸進的方式展示資訊，讓受眾更容易逐層吸收。在進入下一層資訊以前，你可以確保受眾已經掌握每一層資訊了。

　　介紹不熟悉的圖表類型或計算指標時，這種分層法特別實用。你可以慢下來，確保受眾了解資訊了，再進入下一層。下頁的圖8.15 中，貸款申請資料已被切割，以免一次提供受眾太多的細節。每介紹一層新的資訊，場景就會跟著累積，最後是向受眾呈現完整的資料視覺化。分層的神奇之處在於，你在過程中持續掌握受眾的

分層可以把複雜的圖表，分解成比較好管理的區塊

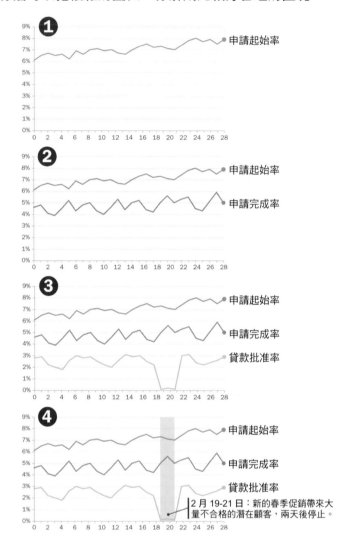

圖 8.15 透過分層，把複雜的資料視覺化轉換為比較好管理的區塊，讓受眾更容易了解。而每個分層都會形成單一的場景。

注意力，比較少人在中途分神。不過，對間接溝通（靜態報告、資訊圖）來說，分層可能比較困難。因為在間接溝通中，你更難掌控大家如何吸收你的內容。

原則六：讓資料顯得平易近人、引人入勝

> 事情清楚易懂時，大家就有正面的反應。
>
> ——工業設計師迪特・拉姆斯（Dieter Rams）

1970 年代末期，德國的工業設計師拉姆斯，對當時設計的凌亂狀態越來越擔憂，他說「形式、色彩、雜訊呈現出令人費解的混亂」（Few 2011）。他回想他在百靈（Braun）設計的知名作品，歸納出十條良好設計的原則。雖然拉姆斯主要是做工業設計，但他有兩項設計原則也很適合套用在視覺敘事上：

#4. **好的設計讓產品更好了解**。它闡明了產品的結構，更棒的是，它讓產品自己說話。最棒的設計是讓產品不言自明。

#8. **好的設計是細緻入微的**。任何東西都不該流於隨性或碰運氣。設計過程中的細心與精確，顯現出你對用戶的尊重。

在視覺敘事方面，好的設計將使你的作品（資料故事）更好讀、更好懂。雖然設計無法減少既定主題的複雜性，但它可以讓受眾更容易了解你的想法與見解。只要你尊重用戶（受眾），就會注

意那些一開始看起來很隱約，或不重要的細節。你很快就會發現，它們確實會影響圖像的效果。即使你已經盡量減少雜訊，並突顯圖像中的關鍵資訊了，修潤設計元素還是可以使資料故事更精簡，並強化它。

好的視覺設計既能減少潛在的認知摩擦，也能讓資料變得更吸引人。身為資料敘事者，你應該讓內容顯得平易近人，讓多元的受眾（從執行長到資料科學家，再到你的祖母）都可以輕易評估。在本節中，我將從四個關鍵面向探討，設計如何提高圖表的實用性，分別是：**標記、輔助線、格式、依循慣例**。

標記

想像一下，在沒有路標、也沒有 GPS 的情況下，你開車旅行。即使道路的基礎設施都到位了，但若毫無標誌指引，前往不熟悉的目的地時，還是會一片混亂。同理，標記對良好的圖表設計也一樣重要。雖然太多標記可能為圖表增添雜訊，但還是需要用最精簡的標記，來描述你分享的資訊。表 8.2 的訣竅，可強化圖表的可讀性。

表 8.2 簡化圖表可讀性的訣竅

	較難	較簡單
軸線標記：為了讓人了解圖表資料的意義，所有的軸線都應該清楚地標記。如果軸線或它的尺度模糊不清，那只會耽誤受眾了解圖表資訊的時間。這項規則的例外可能是日期單位，例如月或年，那即使沒有標記也簡單易懂。	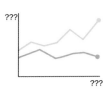	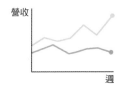
直接標記：最好是直接標記數值，不要逼受眾查看遠離資料的圖標。雖然在資料值與圖標之間來回查看效率較低，但某些情況下，這可能是唯一的選擇（例如分組長條圖）。	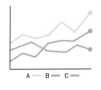	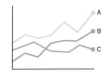
易讀的文字：直排或斜排的文字比橫排的文字更難閱讀。對於需要較長標示的類別或數值，可以考慮使用橫條圖，而不是直條圖，因為橫式比較好容納較長的標示。	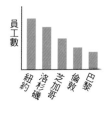	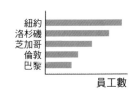
簡單增量：使用受眾易懂又自然的尺度增量。例如，以 1、2、5、10 為漸增單位，比用 3、6、12 為漸增單位更好理解。		

輔助線

如果你曾試過長距離游泳，就會知道有個參考點來確保你是沿著直線前進，有多重要。對於視覺上的比較，輔助線可以幫受眾更容易在圖表中做比較，前提是這些線要很隱約，而且運用巧妙。表 8.3 說明，使用輔助線以支援多種比較的方法。

表 8.3　使用輔助線的訣竅

	較難	較簡單
指引線：橫條圖或表格中有許多數值時，受眾可能難以比較各項。因此，每三到五個項目之間就增添一條指引線，可讓受眾更容易找到及比較不同項目，尤其是數值標示對齊到相同位置的時候。	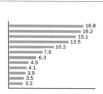	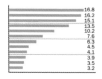
錨定線：你突顯出散點圖中的某點時，可能需要為那個點增添細線，以顯示其 x 與 y 的位置。這種水平線和垂直線，可讓受眾更容易比較關鍵的資料點。錨定線也可以用於橫條圖、直條圖、折線圖，以便在圖中提供更多的背景資訊（如均值、目標等）。		
趨勢線：對於折線圖與散點圖，你可以考慮添加一條「最佳配適線」（line of best fit），以顯示兩變數的關係趨勢。你也可以藉由那條線的斜率，來表達兩者之間是正相關或負相關。		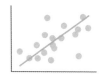

續表 8.3　使用輔助線的訣竅

	較難	較簡單
陰影區：在某些情況下，你需要突顯圖表中的某個範圍或一群數值。例如，使用陰影區，來顯示負區域或目標結果。這些陰影區可以透過附加的視覺背景資訊，幫受眾更快解讀資料。		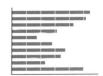
格線與區段：橫條圖、直條圖或折線圖中的細格線，可以幫受眾比較不同的數值。雖然橫條圖或直條圖也能拆成可比較的區段，以達到類似的效果，只是它們不像格線那樣常見。		

格式

即使你有恰當的內容與圖表類型，你為資料挑選的格式或架構，還是可以提高資料的可讀性。表 8.4 的格式注意事項，可以讓資訊顯得更平易近人。

表 8.4　設計格式的訣竅

	較難	較簡單
配色：許多分析工具的預設狀態是，在圖表中使用多種顏色，但那可能會分散注意力。相反的，使用單一色調、但深淺不同的配色，比較容易解讀。	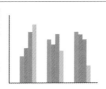	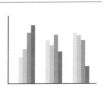

續表 8.4　設計格式的訣竅

	較難	較簡單

色盲：約 8% 的男性及 0.5% 的女性是色盲，難以區分綠色與紅色。因此，使用藍色與橘色等比較容易區分的顏色，可以確保這些人能夠正確解讀圖表。在右邊的例子中，你可以看到顏色選擇對綠色盲的患者（這種色盲導致患者只能看到兩三種顏色，而不是一般的七種顏色），所產生的差異。

排序：從大到小排列項目可以讓資料更好讀，也更好理解。不過，某些情況下，維持特定順序（例如字母順序），以便查找某些數值還是比較重要。

高寬比：為了有效傳達資料，你需要調整高寬比，讓受眾更輕易辨識資料中的關鍵趨勢或型態。而放寬資料點之間的空間，可以讓詳細的折線圖更好檢視與了解。

平滑：你提供詳細的資料時，資料的短期波動會讓線條呈鋸齒狀，因此較難評估長條圖或折線圖的整體型態。如果你用加權平均來讓資料平滑化，得到的曲線會讓資料動向更明顯。

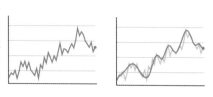

續表 8.4　設計格式的訣竅

	較難	較簡單
透明與抖動：「繪點過密」（overplotting）是指好幾個數值疊在一起，難以看清資料點的密度。而把圓點變得更透明，可以修正這個問題。你也可以「抖動」（jitter）點圖上的資料（亦即隨機為圓點分配一個水平位置），讓圓點更分散以顯示密度。	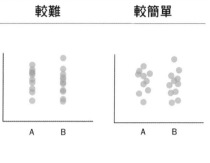	

依循慣例

　　設計師面對慣例與規範時，往往很尷尬。一方面，他們可能想挑戰某些慣例，讓自己的設計獲得關注，另一方面，他們常依循一些常見的作法，使他們的設計更直接易懂。除非你有充分的理由，否則我建議你依循既有的圖表設計慣例。表 8.5 說明你應該考慮的一些慣例。

表 8.5　依循慣例的訣竅

	較難	較簡單
顏色極性（color polarity）：如果你的資料顯示正面或負面結果，你可以考慮為它指定合適的顏色（比如：綠色＝好，紅色＝壞）。如果你指定了錯誤的顏色，受眾會對圖表感到困惑。為了避免色盲問題，你可以使用深、淺色或符號，來釐清差異。	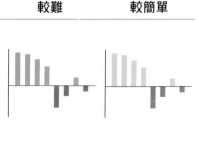	

續 8.5　依循慣例的訣竅

	較難	較簡單

顏色關聯：某些東西可能已經與某些顏色有關聯（如國家、公司、政黨等）。你可以使用熟悉的相關顏色來加強顏色資訊，而不是為它們指定隨機的顏色。

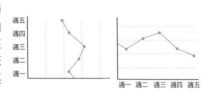

X 軸上的獨立變數：一般作法是把獨立變數（「原因」變數）放在 X 軸上，把依變數（「效果」變數）放在 Y 軸上。例如，習慣上是以 X 軸來標示時間，因為它不受你衡量的其他因素所影響。

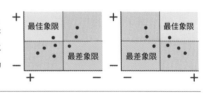

方向：我們常把「往左」與「往下」跟負值聯想在一起，把「往右」與「往上」跟正值聯想在一起。在象限分析中，大家通常把右上象限視為最理想的位置。

起始位置：在環狀圖（圓餅圖、環圈圖、雷達圖）中，指針 12 點或零度的位置，是這類資料圖的自然起點。最大的切片通常是放在 12 點的位置，接著其餘的切片再以順時鐘的方式，按大小排序。

　　仔細安排設計元素可以讓資訊更平易近人，但設計也可以讓你的圖像更吸引受眾。130 多年來，國家地理學會（National Geographic Society）一直是事實類圖像敘事的領導者。其行銷長克勞迪婭・馬利（Claudia Malley）表示，《國家地理》雜誌之所以能夠每月吸引超過 7 億 3,000 萬人，都要歸功於「相關、有共鳴、及時的內容」

（Stein 2016）。在你的故事中，內容的相關性與及時性是實際資料的屬性，但你的設計方法會影響內容的共鳴度。你的資訊共鳴度越高，受眾在情感面會有更深的認同。為了使你的資料更有共鳴，我建議使用兩種互補的技巧：圖像與實例。

有些人可能認為圖片只是另一種形式的圖表垃圾，因為圖片對於理解根本的資料來說，並非必要。從理性觀點來看，他們是對的，但從情感觀點來看就不然了。在第 2 章中，**圖優效應**強調圖片比純文字更容易記住。圖示、圖表、照片等圖片能讓資訊更加清晰，提高受眾記住見解的機率。就像其他的視覺元素一樣，巧妙地運用圖片時，可以使資料故事的場景變得栩栩如生。例如，圖示比文字更快傳達資訊，也讓資訊更難忘。因此，把見解與激發情感的照片放在一起，可以放大情感效應，使資料感覺更真實（見圖 8.16）。

某大消費品牌的分析總監發現，他的團隊在資料簡報中加入產品的圖片時，更能吸引不同產品團隊的注意與興趣。若公司文化重

精挑細選圖示與相片，以吸引受眾

圖 8.16　圖示與相片可增加內容對受眾的吸引力。

視創意更勝於計量，分析團隊必須調整他們與內部利害關係人分享見解的方式，以獲得他們想要的支持。他們發現，與其為毫無特色的產品存貨單位做資料視覺化，產品圖片更能吸引產品經理關注資料。因此，你可以根據受眾的類型，考慮把產品、員工或地點的圖片，整合到你的圖像中，以增加參與度（見圖 8.17）。但只有在圖片可為主題增添意義時，才使用圖片。如果大家只把圖片當成附帶的裝飾，那就不要放，讓大家把注意力留在見解上。

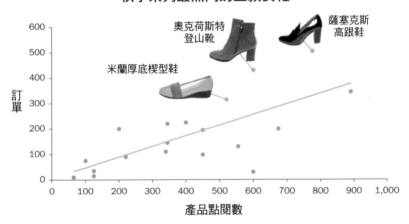

圖 8.17　這三個產品圖讓人注意到這張圖上的關鍵資料點。

實例

2012 年的奧運報導中，《紐約時報》以一篇出色的報導，揭示了鮑勃‧貝蒙（Bob Beamon）於 1968 年的男子跳遠項目中，打破奧運紀錄的成就有多驚人（Quealy and Roberts 2012）。《紐約時報》

知道多數人對貝蒙締造的佳績（8.9公尺）毫無感覺，所以他們把那個距離，拿來和越過NBA籃球場的三分線相比（見圖8.18）。讓大家對那個距離更有感以後，貝蒙的成就就不再那麼模糊了。

使用有共鳴的比較

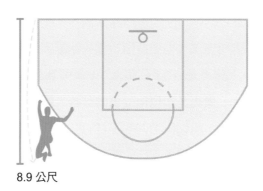

8.9公尺

圖8.18 為了讓受眾對貝蒙1968年締造的奧運跳遠紀錄更有共鳴，《紐約時報》拿它和跳過NBA籃球場的三分線相比。

受眾面對不熟悉的資訊時，可能缺乏必要的背景資訊，所以無法完全了解你的見解。此外，你分享很大或很小的數字時，受眾可能很難完全了解資料代表的規模大小或細膩之處。你可以把資料點與真實世界的例子連在一起，而不是讓他們覺得你的見解有點抽象。如果你使用大家一目了然的實例，就更容易產生共鳴。但是，你的作法不能太籠統。例如，「到達月球」或「繞地球」之類的類比，可能只有太空人與飛行員有共鳴，很少人真的明白那距離有多長。最好是找大家熟悉又容易想到的例子。

為了讓資料點更具體，你需要重新定義它們，讓它們更貼近受眾。例如，一位收費的搜尋顧問與公司合作管理其龐大的付費搜尋預算。他注意到，他們每個月都為一些籠統的產業關鍵字付費，但那些籠統的關鍵字**從未轉化為線上銷售**。當他提到刪除這些效果不佳的關鍵字，可為公司每月節省 1 萬美元時，他的建議對每年為搜尋廣告付費數百萬美元的行銷團隊來說，只是「滄海一粟」。因此，他換成不同的方法。他把持續為那些關鍵字付費的成本加以年化（12 個月 ×1 萬美元＝ 12 萬美元），並強調省下的成本可雇用兩名大學畢業生，**做更多類似他提供的分析**。儘管行銷團隊沒有雇用兩名新的分析師，但顧問把問題那樣包裝以後，馬上引起行銷團隊的注意，並停止使用效果不佳的關鍵字廣告。

原則七：讓人信任你的數字

> 簡報資料時有兩個目標：傳達故事，建立可信度。
> ——統計學家兼作家塔夫特

　　你想用資料故事來促進改變時，需要讓受眾相信你的數字。由於潛在的變化是不確定、有威脅性的，大家可能找各種理由來否定或質疑你的見解。即使資料故事的資料基礎很完善（偏誤很小、資料品質不錯、分析徹底），你的圖像仍必須讓受眾產生信賴。圖像中只要出現小小的疏忽，就可能讓數小時的分析心血化為烏有，改變的機會說不定就永遠消失了。例如，拼寫錯誤、錯別字、糟糕的

語法會讓受眾覺得你漫不經心，並因此質疑你在分析階段是否注重細節。而像圓餅圖的總和加起來不是 100％、軸線標示不當等人為錯誤，都可能導致故事的效果大打折扣。在分享資料故事之前，一定要花時間檢查及校對所有的資料場景。此外，你也可以考慮讓其他人來檢查你的圖表，避免可能影響故事的簡單錯誤。

　　雖然關注細節很重要，但你也需要知道，圖表中的資料是可以做視覺操弄的，**你應該避免在無意間那樣做**。即使你並沒有扭曲資料的意圖，你也必須注意某些視覺化的作法，容易被視為「利用統計數據撒謊」。表 8.6 說明你應該盡量避免的作法，因為大家可能覺得那有欺騙之嫌。

表 8.6　應該避免的欺騙作法

	可能誤導	不會誤導
截斷軸線（直條／橫條）：你截斷直條圖的 Y 軸或橫條圖的 X 軸時，長條的長度就不再代表實際值了。這種方法可能造成誤導，因為那誇大了數值之間的微小差異。	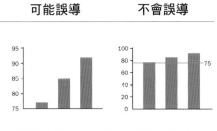	
截斷軸線（區域）：與長條圖類似，區域圖的陰影區不該有截斷的 Y 軸，因為那會扭曲顯示的內容。不過，大家普遍認為折線圖不像長條圖與面積圖那樣，需要零基線（zero baseline）。	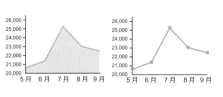	

續表 8.6 應該避免的欺騙作法

	可能誤導	不會誤導

誇大軸線尺度或高寬比：為了操縱圖表中的資料，軸線的尺度可能被膨脹，或者高寬比被不成比例地拉長。一般來説，圖表應該寬大於高，資料應該占據圖表尺度範圍的三分之二。

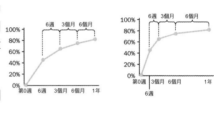

日期間隔不一：如果時間序列中的日期不是採用固定的時間間隔，把它們畫成等長就有可能造成誤導。有些受眾或許會質問，為何日期間隔不固定或不一致。因此，你應該在 X 軸上使用比例刻度，而不是等距刻度。

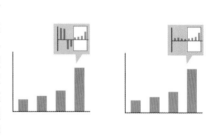

有限的日期範圍：一般來説，「精挑細選」某個時間範圍來掩蓋可能破壞敘事的結果，並不是好主意。雖然你可以限制展示的資料量，但你不該隱藏相關的背景資訊，尤其那樣做會明顯影響大家如何感知及解讀資料的時候。在左圖中，省略以前的資料影響很大。右圖中，省略以前的資料影響不大，所以省略無妨。

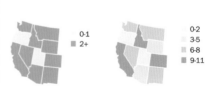

不規則的分類：無論是地圖、長條圖還是直方圖，你彙整或分類資料的方式，會塑造資料視覺化所傳達的資訊。而受眾也可能會懷疑，不尋常或出乎意料的分類法，有扭曲結果的意圖。

續表 8.6　應該避免的欺騙作法

	可能誤導	不會誤導
錯誤的比例：繪製泡泡圖時，有些分析工具是以直徑或半徑的長度當比例，而不是以面積當比例。雖然前者的差異比較明顯，但圖形並不準確，無法精確反映數值。		
缺少資料來源：任何人都可以捏造統計資料或提出來源可疑的資料點。每當關鍵的統計資料沒列出明確的資料來源時，就會給人迴避或欺騙的感覺。不過，你提過資料來源後，就不需要在後續的每張圖表中都提出了，除非來源有變或你預期有人單獨分享那張圖表。	 的青少年，擔心槍擊案可能發生在他們的校園內。	 的青少年，擔心槍擊案可能發生在他們的校園內。 資料來源：PEW RESEARCH Survey of US teens ages 13 to 17 conducted March 7-April 10, 2018。

　　不要讓受眾有任何理由去懷疑你的數字或見解。受眾可能因為資料視覺化的方式及你傳達（或忽略）的內容，而質疑資料的準確性。為了獲得受眾的信任，你必須確保他們了解，你的意圖是提供資訊及啟發他們，而不是欺騙他們。如果你預期受眾有疑慮，就應該講明為什麼你以某種方式把資料視覺化。相反的，讓受眾自己去假設為何你要以某種方式把資料分組，或為什麼你只關注幾個月的走勢，可能會削弱他們對訊息的信任。如果你對設計背後的邏輯直言不諱，即使他們不同意你的方法，也不會覺得自己被誤導了。

視覺敘事的魔力

視覺化的目的是傳達見解，而不是圖片。

——資料科學家班・施奈德曼（Ben Schneiderman）

雖然受眾最關注的是資料故事的圖像，但資料故事的流程是從建立相關且可信的資料基礎開始，接著再把見解組成有意義且吸引人的敘事。這個流程的最後一步，是以清晰簡潔的方式把見解視覺化，好讓受眾輕易了解你的資訊。本章與上一章共分享了七個原則，它們可以指引你的視覺敘事，把你的關鍵發現轉化為一系列強大的視覺場景。

在你開始把故事視覺化以前，你需要釐清兩件事。首先，你需要決定故事有幾個場景以及內容的導向。第 6 章討論的敘事故事板，可以幫你找出主要的重點，並把那些重點組成連貫的敘事。當你準備好把資料視覺化，故事板可以作為指引視覺化的必備藍圖。第二，你需要決定你把資料故事傳達給受眾的方式，是直接或間接。因為傳達的方式會影響故事的視覺設計。例如，如果你不是親自講述故事，每個場景都需要更多的說明或注解。表 8.7 的三步驟，可以幫你規劃及設計資料故事的場景。

表 8.7　規劃及設計資料故事的三流程

草圖。你開始用分析工具繪製圖表之前，先為每個故事點繪製草圖可能有幫助，尤其故事有多個場景的時候。你可以用記事本、便利貼或白板，為資訊的視覺化規劃大致的版本。針對每張草圖，你只需要投入少量的時間，所以也能迅速更改，直到你為每張圖表找到最佳的視覺化方法。此外，為整個資料故事畫草圖也讓你有機會退後一步，確保圖像不會過度重複，並有正確的流程。在花時間繪製圖表以前，你也可以先講一次故事給同事聽，以收集意見及修改。

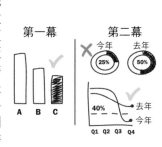

設計。你對資料故事的視覺草稿感到滿意後，就可以開始設計資料視覺化了。在這個階段，你應該確保圖表符合故事點，並以有效的方式傳達資訊。你處理實際的資料時，可能發現你需要修改草稿階段所規劃的圖表。因此，你應該保持彈性，採用最能傳達見解的方法。

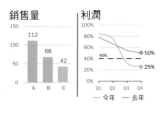

修潤。為資料故事畫出初版的圖表後，你應該評估每個圖表支援故事情節的程度。你可能會發現，稍微修改圖表可以大幅提升整體效果。例如，你可以直接標注，讓圖表更容易閱讀，或調整圖表中的顏色，讓配色更一致。這些簡單但重要的修改，可以讓場景變得更精緻，讓用戶更有共鳴。

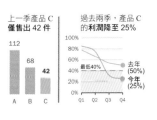

　　許多人認為說故事是種**被動**的體驗，受眾只要聆聽或觀看故事就好。然而，資料敘事其實是**主動**的體驗，你是邀請受眾加入你導覽的旅程以了解你的見解。資料故事讓受眾參與簡化、集中的發現流程，促使他們自己檢查圖表並比較數字。而你把圖像做得越簡潔

易懂，受眾越有可能了解、記住、認同你的主要觀點。已故的羅斯林把資料敘事比喻成音樂，他說：

大多數的人需要聽音樂，才知道音樂有多美妙。但我們展示統計數據時，通常只展示音符，沒播放音樂（Reynolds 2007）。

有效的視覺敘事需要讓受眾聽到你的音樂有多美妙，而不是只讓他們看音符而已。如果訊號強烈又清楚，他們就能充分了解那些數字的美好。如果你的視覺敘事做得很好，受眾看了以後應該會很興奮，想要開始解決你發現的問題或機會。在本書的最後一章。我將帶大家看一些例子，它們把資料敘事的元素（**資料、敘事、圖像**）有效地結合起來，構成有意義又令人難忘的精彩故事。

Chapter **9**

贏得未來的資料說書人

我們獨自做夢時，那只是一場夢；但我們一起夢想時，那是新現實
的開始。

—— 巴西俗諺

　　幾年前，我和妻子有幸跟另一對夫妻同遊義大利。那次假期的
一大亮點，是造訪美麗的阿馬爾菲海岸（Amalfi Coast），其中包括
短暫參訪龐貝遺址。我們是搭遊輪前往，只能在龐貝待幾個小時就
得回船上。旅行社為我們這個小組安排了一名私人導遊，好讓我們
盡量利用時間參訪挖掘出來的羅馬遺跡。

　　我們的導遊是位年輕的義大利人，名叫馬切洛。他是考古系的
學生，並參與了該遺址正在進行的挖掘工作。龐貝城占地遼闊，逾
170 英畝（約 20 萬坪）。因此，有專業導遊帶我們直接去看考古遺
址中最有趣的部分，對我們幫助很大。許多遊客在廢墟中漫無目的
地行走時，我們在有限的時間內鎖定了特定的區域。導遊以背景資
訊充實了我們遊覽龐貝城的經驗，讓那些古蹟頓時鮮活了起來。

有好幾次，我注意到其他的遊客湊過來，或是在我們的附近逗留，以聆聽馬切洛講解那些建築、壁畫、工藝品。儘管其他的遊客也可以看到一樣的景點，但導遊的解說讓我們對廢墟的歷史與文化有更深的了解。我相信許多遊客也很希望有馬切洛這樣的人，巧妙地帶領他們穿過迷宮般的古老街道與建築。

同樣的，在職場上，大家也亟欲洞悉事業，每個人都想知道職場上有什麼潛在的問題、風險、機會。周遭的大量資訊可能令人不知所措，甚至麻木。然而，由於人類先天有好奇心，我們很樂於知道他人有什麼新見解，尤其是以敘事分享的時候。你身為資料敘事者，就像嚮導一樣，帶領受眾了解你收集及分析的資料。你準備講述資料故事時，是想要實現三個關鍵目標：

1. **解釋**。你根據你對資料的深入了解，決定哪些資訊最相關、最值得分享。然後根據受眾的需求與興趣，為他們量身打造資料故事。你花時間釐清概念並提供充足的背景資訊，好讓自己的見解更清晰易懂。

2. **啟發**。你使用資料視覺化的工具來製作圖像，幫受眾從圖像觀點了解你的發現有多重要。你在圖表中指出資料的關鍵屬性，讓受眾知道他們該注意什麼，以及如何解讀看到的東西。他們會因此發現原本看不出來的新見解。

3. **參與**。你試圖把所有的元素（數字、文字、圖像）結合成有意義又連貫的敘事，以引起受眾的共鳴。同時，你也盡量把資料與受眾關心的人連在一起，藉此將資料人性化。而你對

主題展現的熱情，也會幫你拉近你與受眾的距離。

解釋、啟發、參與這三個引導目標，決定了那些見解的命運，以及受眾會不會採取行動。即使見解有很大的發展潛力，也不保證別人會接受及採用。如果你的見解不清楚，或無法與目標受眾產生共鳴，那就不太可能有任何進展。你花時間打造資料故事的主要原因，是讓你的見解有更好的機會充分發揮潛力。

你達成資料敘事者的三個目標時，就不只傳達事實與數字而已。你的資料故事也有能力改變人們的想法與行為。身為資料敘事者，你不僅透過資料引導受眾了解關鍵的見解，也試圖**激勵改變**。一旦你熟練了資料敘事的藝術，你的見解有多宏大，影響力就有多大。

透過本書的各個章節，我們探討了說故事的重要性，也說明了什麼是資料故事，以及它的組成。在仔細探索資料敘事的每個支柱（資料、敘事、圖像）後，接下來你將學習如何把它們組成引人入勝的資料故事。在最後一章，我將分享幾個資料故事的例子。讓我們從已故的資料敘事大師羅斯林所分享的故事開始看起。

向資料敘事大師學習

沒有數字就無法了解這個世界。但是光有數字，也無法了解這個世界。

——醫生、教授兼統計學家羅斯林

2010 年，英國廣播公司第四台（BBC Four）與羅斯林一起製作了一部一小時的紀錄片《統計之樂》（*The Joy of Stats*）。在這個節目中，有一小節的短片名為「200 國，200 年，4 分鐘」（200 Countries, 200 Years, 4 Minutes）。羅斯林利用那一小節的短片，說明過去 200 年來，那些國家的健康與財富如何演變（Gapminder 2019）。然而，BBC 不是讓他用一般的投影機來展現其見解。他們在羅斯林的前方，利用擴增實境模擬了互動的氣泡圖。在這種獨特的場景下，羅斯林示範如何讓資料唱出美妙的音樂，他的天才與熱情令觀眾看得入迷。

在這一小段影片中，我們有機會研究羅斯林構思及傳達資料故事時，所使用的各種敘事技巧。我將以實況報導的方式，分解他發展敘事及吸引觀眾的策略。在你閱讀我對羅斯林的資料故事所做的分析之前，我非常建議你先看一次那段 4 分鐘的影片，看這位見解深刻的瑞典敘事者如何展現說故事的功力（請掃描下方 QR Code，或搜尋 https://reurl.cc/pWR7o4）。透過這本書介紹的概念，你會更了解是什麼因素，讓他成為如此卓越的資料敘事者。

0:34——關鍵策略：標記、注解、座標尺度

故事一開始，羅斯林先為座標增添標記（壽命與收入），並以注解來闡明兩個主要象限（左下方：貧窮生病；右上方：富裕健康）（見圖 9.1）。

圖 9.1　羅斯林將觀眾導向虛擬氣泡圖的軸線與象限。

資料來源：獲准使用 ©Wingspan Productions。

　　你可以看到他的 Y 軸不是從零歲開始（大約是從 25 歲到 75 歲），X 軸則是對數尺度（400 美元到 4 萬美元）。一般繪圖的首選是，坐標從零開始並使用線性尺度。然而，為了盡量放大空間以及分散資料點，你可能需要做類似的調整，以增強資料故事中的某個場景。

1:00──關鍵策略：時期、標記大小、類別、圖表元素（氣泡大小）

　　為了做設定，他分享時間軸的起點（1810 年）。而年分的標記越大，代表它對整個故事越重要。此外，年分標記也不是放在圖表的上方，而是位於圖表內的顯著位置，離國家氣泡較近，所以是在

受眾的視線範圍內。有趣的是，羅斯林並沒有為國家類別創造色標。為了減少雜訊，他最初解釋每種顏色代表什麼以後，可能覺得不需要再加上色標了。最後，他也預先解釋氣泡的大小與國家的人口規模有關（見圖 9.2）。

圖 9.2　羅斯林解釋圖表中的氣泡大小代表什麼。
資料來源：獲准使用 ©Wingspan Productions。

1:18──關鍵策略：輔助線、選擇性標記、強調

　　他完成設定時，用一條輔助線來顯示 1810 年，所有國家的平均壽命都在 40 歲以下（見圖 9.3）。他沒有標注所有的國家，因為全部標注可能太多了。他只提到了當時排名前兩名的國家：英國與荷蘭。為了讓這兩個國家脫穎而出，他標記它們，也調高這兩個氣泡的亮度，以便與其他的歐洲國家區分開來。

圖 9.3　羅斯林用一條輔助線，來強調平均壽命在 40 歲以下。

資料來源：獲准使用 ©Wingspan Productions。

1:30——關鍵策略：動畫，添加背景資訊

　　完成初始設定後，羅斯林用動畫來展示這些國家在健康與財富方面的歷年發展。在這段獨特的動畫流程中，除了圖表的幾個特寫鏡頭外，只有年分標記與國家氣泡有變化。在不同的階段，他提供額外的背景資訊，以解釋工業革命如何幫歐洲國家變得更健康、更富有，而亞洲與非洲的殖民國家依然又窮又病。他也強調第一次世界大戰與西班牙流感的影響，導致所有的國家在 1918 年左右平均壽命下降。他甚至壓低自己的身體來模仿資料的向下移動，同時強調：「真是一場災難！」（見下頁的圖 9.4）。他也指出，1930 年代初期發生經濟大蕭條那種重大事件時，並未阻礙西方國家向上發展。

圖 9.4　對 1918 年的經濟衰退，羅斯林做出了肢體反應。
資料來源：獲准使用 ©Wingspan Productions。

2:22──關鍵策略：個人化、選擇性標記、強調

　　羅斯林在 1948 年的地方，暫停了時間的進展，以顯示西方國家和被殖民國家之間的廣泛差異。他強調他的祖國瑞典，藉此把資料個人化，並強調即將到來的變化都發生在他出生以後，亦即在他這輩子發生。這種隱約的作法有助於把資料和他的講者身分人性化。羅斯林再次使用選擇性標記，來突顯幾個重要的國家及它們當前的狀況（美國、巴西、中國）（見圖 9.5）。接著，他讓觀眾注意到，隨著前殖民地獲得獨立及生活條件改善，世界發生了巨變。1970 年代，新興國家（阿根廷、墨西哥、韓國、馬來西亞、巴西、台灣）崛起，來到右上象限時，他的故事也達到了高潮。而他也強

圖 9.5 羅斯林暫停時間的進展,並使用選擇性的標記來突顯幾個關鍵國家。

資料來源:獲准使用 ©Wingspan Productions。

調,非洲國家受到內戰與愛滋病疫情的衝擊(剛果、南非)。

3:30──關鍵策略:縮放、選擇性標記、深入挖掘、明確比較

羅斯林講到資料集的最後一年(2009 年)時,把畫面拉近中間的部分,以顯示多數國家的位置。接著,他指出氣泡圖中的兩個極端國家(剛果最差,盧森堡最好),以突顯出國家之間的落差。他也承認,國家平均值可能掩蓋了個別國家的國內不平等。之後,他分解中國的氣泡,將中國的不同省分比擬為其他健康/財富水準相近的國家(見下頁的圖 9.6)。例如,他將上海比作義大利;把貴州

圖 9.6 羅斯林分解中國的氣泡,將中國的不同省分比擬為其他國家。
資料來源:獲准使用 ©Wingspan Productions。

鄉下喻為迦納。透過這些類比,我們可以看到國內區域的不一致。

4:00──關鍵策略:總結動畫、趨勢線

在資料故事的最後,羅斯林用「動作重播」來總結這些國家的整個進程。動畫效果強化了他的核心見解(頓悟時刻):「西方國家與其他國家」之間的差距正在縮小,我們正進入「全新的聚合世界」。他在圖表上疊加了一條趨勢線/箭頭,以強調他覺得所有國家都可以依循這條路徑,達到健康又富裕的右上象限(見圖 9.7)。資料故事的最後,他強調援助、貿易、環保技術、和平,如何幫所有的國家達到更好的生活水準。

圖 9.7　羅斯林講述故事的最後一段：所有國家如何移到右上象限。

資料來源：獲准使用 ©Wingspan Productions。

　　這個 4 分鐘的資料故事中，繪製了超過 12 萬個資料點，但你從頭到尾都不覺得他分享的內容多到吃不消。羅斯林逐步引導我們瀏覽這些資料，讓我們對過去 200 年的全球健康與財富趨勢發展，有了新的了解。在整個過程中，我們注意到他想讓我們看到什麼，並且隨著模式的轉變，提供及時、相關的背景資訊。

　　你在思考自己的資料時，可能會想：「我的＿＿＿＿資料，不像羅斯林的資料那麼酷炫或有影響力。我無法在擴增實境中展現資料！」然而，這支影片之所以特別，不是因為它使用的技術，而是因為有一位堅信故事重要性的人，傳遞了這個故事。盧卡斯說：「特效是工具，是講述故事的方法。有特效、但沒有故事，那很無聊。」從上述例子可以看出，敘事者與敘事對整個資料故事來說，

是不可或缺的。羅斯林如果沒有花時間為見解構思強而有力的敘事，他的見解會顯得平淡無奇。雖然我們可能無法複製他的熱情、詼諧的幽默，或擴增實境的技術，但我們可以應用羅斯林的許多技巧，來豐富我們的資料故事。

幕後的羅斯林

圖9.8 2010年，羅斯林在倫敦為《統計之樂》拍攝資料故事。左下角是創意總監阿奇・巴倫（Archie Baron），右二是導演丹・希爾曼（Dan Hillman）。
資料來源：獲准使用 ©Wingspan Productions。

翼展製作公司（Wingspan Productions）創意總監巴倫第一次看到羅斯林的 TED 演講時，對這位迷人的瑞典統計學家深深著迷。羅斯林講故事的優雅與魅力，幫巴倫「以不同

的方式觀看世界」。他的電視製作公司與羅斯林洽談《統計之樂》專案時，他知道那個節目會充分展現這位精力充沛的瑞典人，如何分享精彩動人的資料故事。然而，巴倫也覺得，如果影片必須在講者與圖表之間來回切換，觀眾的理解力會降低。

他的團隊決定讓羅斯林憑空變出資料，將資料以擴增實境的方式懸浮在他的面前。就像湯姆·克魯斯在電影《關鍵報告》（*Minority Report*）中使用虛擬的顯示器那樣，這可以把羅斯林和動畫氣泡圖一直放在同一畫面中。巴倫說：「我們的想法是，把羅斯林放在圖表中，讓他與他的圖表以及他講述的故事，完全融為一體。」翼展製作團隊向羅斯林提出這個想法時，羅斯林一開始還懷疑是否可行。他以前拍過資料敘事的影片，但不是很滿意，他也不喜歡把資訊圖表純粹用來展示。然而，他們向他展示虛擬圖表的運作方式後，說服了他放膽跟他們合作。

儘管那段資料故事只有 4 分鐘，但那一小段就占了節目製作時間的 25% 到 30%。在長達數天的腳本編寫及繪製故事板的過程中，巴倫目睹了羅斯林對每個細節的精心關注，而且他一心只想為觀眾設計一套清晰又誘人的劇本。導演希爾曼指出：「他在尋找說故事、講笑話、顯示數字、表達觀點的最佳方式時，很講究技術的精確性，我很喜歡那樣。」至於拍攝地點，他們認為應該在有深度的真實地點，而不是乏味的電視攝影棚。所以你可以看到羅斯林在影片一開始，

走進一座倉庫大樓。

拍攝當天，羅斯林一整天都非常專注，儘管那是倫敦一年中最熱的一天。由於現場只有有限的參考點可以指引他，他必須假裝圖表就在他的正前方（見頁 312 的圖 9.8）。巴倫說：「每一條視線、每個手勢與手指擺動都必須精確無誤，否則無法發揮效果。我們無法讓資料配合鏡頭，必須由鏡頭去配合資料。」希爾曼與巴倫知道，羅斯林的獨特個性是敘事中不可或缺的一部分，所以在關鍵時刻突顯了那個特色。像是，他拿 1948 年的冬季奧運開玩笑；提到西班牙流感與一次大戰時，他以身體的移動來強調資料的下滑。連他的最後結語：「很酷吧？」也捕捉到他的魅力。

拍攝了許多鏡頭後，羅斯林把後製工作交給製作團隊，讓他們為影片增添虛擬圖表。羅斯林平常用來顯示動畫氣泡圖的視覺化工具，是蓋普曼德基金會（Gapminder）的 Trendalyzer（他的兒子奧拉開發的）。製作團隊必須改編那套系統以配合電視動畫軟體，但那需要大量的程式碼，才能做到精確的整合。除了動畫以外，他們也製作了一整套音效素材，以代表故事與資料的互動。羅斯林向來很積極推廣的概念是，最終成品是靠反覆改良而來。巴倫記得他收到羅斯林寄來一封電郵，信中針對影片剪輯初版的前兩分鐘提出了17 個意見。在漫長的剪輯過程結束時，巴倫知道他們的影片很特別，但不知道影響力有多大。他表示：「大家通常不想看 60 幾歲的瑞典統計學家展示公衛資料，但羅斯林是個獨

特的表演者。」

當時，儘管節目還有兩週才會在 BBC 第四台播出，那一小段影片已在網路上瘋傳，點閱數近 900 萬次。2011 年，《統計之樂》獲得葛爾森最佳科學紀錄片獎（Grierson Award for Best Science Documentary）。希爾曼回顧他與羅斯林 7 年來的合作關係與友誼時表示：「他的資訊之所以總是令人振奮，是因為他讓我們相信自己的潛力，深信不管發生什麼，我們都能讓世界變得更好。」

資料故事實戰示範

在非小說的寫作中，大家常低估的任務是，把敘事形式套用在難以處理的大量素材上。

——作家威廉·金瑟（William Zinsser）

在本書中，我介紹了開發及構思有效資料故事的各種原則與指南。我的目標是提供你足夠的方向與架構，幫你把事實與數據轉化為溝通，讓受眾產生共鳴。然而，不是所有的資料故事都符合本書提到的概念與架構。你需要自己判斷在每個獨特的情況下，怎麼做效果最好。同樣的，同一個資料故事可能需要修改以適應不同的情況。

例如，親自陳述故事時，資料故事的形式與格式也會隨之改變。如果你是向多元的群體講故事，可能需要調整設計與重點，以配合獨特的受眾。假如你分享見解的時間很有限，你構思資料故事的方式會跟擁有較長時間不一樣。由於每個新場景都是獨特的，資料敘事需要靈活調整。這本書的概念與原則是為了**指導你怎麼做，而不是局限你怎麼做**。即使不採取最佳作法，只要是經過深思熟慮，知道你為了達到敘事目標而犧牲什麼，那就沒有關係。

學習新技巧最有效的方法，是觀察它的實際應用。為了說明不同的元素如何組成資料故事，底下分享我在一場會議上講述的例子，那個例子是談美國的教育系統。你讀了整個資料故事以後，我將回顧我構思這個資料故事時，所做的關鍵設計決策。為了方便回顧，我把這個故事拆成三大部分，或者說分成三幕。你閱讀下面的資料故事時，請自己評估不同元素（資料、敘事、圖像）的相互作用。即使你用好的方法講述資料故事，但每個資料故事通常不是只有一種講述方式，而且每個敘事者也都有自己獨特的風格與偏好。

第一幕：設定

威爾斯的實業家兼社會改革家勞勃·歐文（Robert Owen）曾說：「培訓與教育新生代始終是社會的首要目標，其他一切都是次要。」教育對國家的發展與成長非常重要。美國的成功，主要可歸功於它有全球最好的教育體系之一。然而，過去幾十年，大家越來越擔心美國的教育優勢正逐漸消失。

1983 年，經典報告《危機國度》（*A Nation at Risk*）提到，美

國教育體系的品質正在惡化。該報告哀歎：「如果有不友善的外國勢力想強迫美國接受現今這種平庸的教育，那簡直與開戰無異」（US Department of Education 1983）。那份報告為美國的教育體系敲響警鐘後，美國的政治人物才赫然發現，美國可能正在失去它在全球勞力市場上的競爭優勢。

1989 年，時任美國總統老布希召集了 50 州的州長，制定了一套全國教育目標，其中一個目標是，在 2000 年以前，美國於數學與科學方面名列世界第一。然而，到了 2000 年，美國的數學與科學排名並未提高。2000 年，「學生能力國際評量計畫」（PISA）的結果顯示，美國的 15 歲學生在 27 個 OECD 國家中，科學排名第 14 名，數學排名第 18 名（見下頁的圖 9.9）。美國不僅不是第一，成績還不如 OECD 國家的平均水準。

第二幕：鋪陳

2002 年，在兩黨的支持下，小布希總統推出《無孩子落後法》（No Child Left Behind Act，NCLB）。該法案象徵，聯邦政府比以往更積極地參與中小學教育。它有個遠大的目標：2014 年以前，所有的學生，包括弱勢群體（少數族裔、低收入、特教生等等），對其所屬年級的學業都能達到熟練的水準。新法律的核心重點是，透過擴大的標準化考試，為學校成績導入更多的透明度與問責制。從三年級到八年級，每年都舉行閱讀與數學測試。每個州都可以設立年度成績目標，並懲罰那些「年度進步不足」的學校。民意調查分析網站 538（FiveThirtyEight.com）指出，《NCLB》徹底「改變

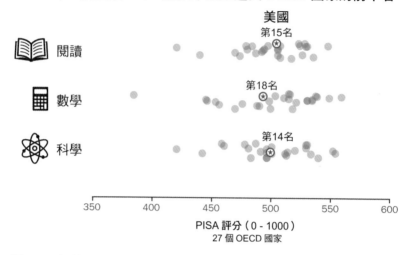

2000 年，美國在 PISA 測試中並未進入 OECD 國家的前十名

美國
第15名

📖 閱讀

第18名

🖩 數學

第14名

⚛ 科學

350 400 450 500 550 600

PISA 評分（0 - 1000）
27 個 OECD 國家

圖 9.9　根據 PISA 的資料，美國在三個核心科目的排名都不高。
資料來源：PISA。

了美國教育系統收集與使用資料的方式」（Casselman 2015）。

　　本質上來說，《NCLB》在美國教育系統中掀起了一場資料革命。在許多企業正視資料的重要性以前，美國教育界早在近十年前就開始重視資料了。《NCLB》的支持者認為，有了更多的資料以後，各州的政治人物、行政人員與教師更能夠以深思熟慮的決策，解決教育系統中的關鍵落差。為了衡量《NCLB》的整體影響，美國國家教育進展評測（NAEP）每兩年就對四年級與八年級學生的閱讀與數學能力，做一次全國性和全州的測試。

　　如果我們只看數學熟練度（現今資料經濟中的關鍵技能），會看到《NCLB》距離 100％ 熟練的目標，還有很大的距離（見圖

9.10）。2015 年，僅 40％的四年級學生及 33％的八年級學生，稱得上「熟練數學」。在實施《NCLB》以前的那幾年（1990 年至 2002 年），這兩組學生的數學能力都有較大幅度的進步。例如，從 1990 年到 2003 年，四年級學生的數學熟練度提高了 20％，但實施《NCLB》以後只提高 7％。同樣值得注意的是，無論美國執政的

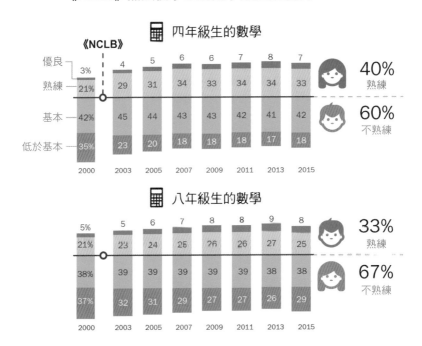

圖 9.10　《NCLB》的目標，是學生在數學與閱讀方面達到 100％的熟練度。雖然四年級與八年級生的數學熟練度略有提升，但多數學生的成績仍低於該年級的「熟練」水準。

資料來源：NAEP。

是哪一黨（共和黨或民主黨），他們執政期間，都沒有成功地解決這個問題。從 1990 年到 2015 年，兩屆的共和黨政府（老布希、小布希）與兩屆的民主黨政府（柯林頓、歐巴馬），在這個領域的進展都乏善可陳。

《NCLB》的另一目標，是縮小弱勢學生的成績落差。然而，在數學與閱讀方面，拉美裔與黑人學生的進步幅度很小（見圖 9.11）。為了讓大家更了解他們的進步幅度，如果維持這個進步速度不變，四年級的拉美裔與黑人學生分別需要 72 年與 108 年，才能縮小他們與白人學生在數學能力上的落差。這種緩慢的進步速度，可能不是《NCLB》的推行者當初所想的教育改革。

雖然《NCLB》沒有達成雄心勃勃的教育目標，但大量的測試

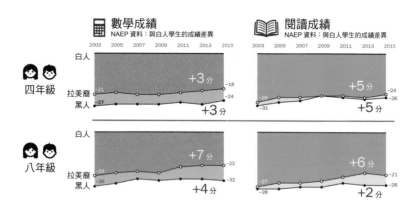

圖 9.11　相較於同齡的白人，拉美裔與黑人學生在數學與閱讀方面的進步微乎其微。

與資料是否提高了美國在世界舞台上的表現？遺憾的是，美國的 PISA 排名進一步下滑，尤其是數學方面，從 2000 年的第 18 名降至 2015 年的第 29 名（見圖 9.12）。如果 PISA 測試的 30 分相當於一年的學校教育，那麼美國學生的數學技能（470 分），落後 OECD 國家的平均（490 分）約三分之二個學年的教育（*The Economist* 2016）。然而，若數學是資料科學與人工智慧的基礎，美國不能眼睜睜地看著這個關鍵學科技能日益惡化。

2000 年到 2015 年，美國的成績排名下滑更多（尤其是數學）

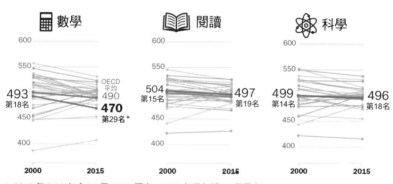

* 2015 年 PISA 包含 34 個 OECD 國家，2000 年只括括 27 個國家。

圖 9.12　推行《NCLB》之後，美國落後其他 OECD 國家更多，尤其是數學方面。由於數學技能是資料科學的基礎，美國不能坐視自己在數學方面落後其他國家。

資料來源：PISA

第三幕：解決方案

阿根廷的前教育部長埃斯特班・布里奇（Esteban Bullrich）指出：「PISA 就像對一國的教育政策做 X 光檢查。X 光片並未顯示健康的全貌，但它可以幫你發現哪裡有問題」（*The Economist* 2016）。美國教育系統面臨的一大挑戰是兒童貧困。在高收入國家中，五分之一（21％）的兒童生活貧困。貧困的定義是，家戶收入比全國的中位數低 60％。聯合國兒童基金會（UNICEF）2014 年的資料顯示，多達 29.4％的美國兒童（0-17 歲）活在貧困中（見圖 9.13）（UNICEF 2017）。

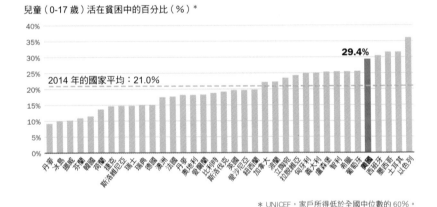

以富國來說，美國的兒童貧困率很高

兒童（0-17 歲）活在貧困中的百分比（％）*

29.4%

2014 年的國家平均：21.0%

* UNICEF，家戶所得低於全國中位數的 60%。

圖 9.13 以富國來說，相較於其他 OECD 國家，美國的兒童貧困率太高。

資料來源：UNICEF。

為了了解兒童貧困對學生成績的影響，我們可以根據美國公立學校的學生參與免費或低價午餐方案的比率，來評估 PISA 分數（見圖 9.14）。相較於不需要午餐補助的富裕學生，貧困學生非常依賴午餐補助方案。

學校午餐方案的參與狀況，顯示兒童貧困對數學成績的影響

圖 9.14　研究學校午餐方案的參與率時，曾發現貧富差異對美國的 PISA 數學成績有很大的影響。

資料來源：PISA。

在比較富裕的學校（不到 25％ 的學生依賴午餐補助），他們的數學成績與表現最好的國家（如日本、韓國、加拿大）相當。然而，在另一端，校內貧困學生的比率較高（學生非常依賴午餐補助），他們的數學成績遠低於 OECD 國家的平均水準，並與匈牙利、希臘、墨西哥等國的數學成績相似。美國學生的家境貧富差

距，明顯影響了國家的 PISA 數學分數。

　　在全球的教育競爭中，有跡象顯示美國的排名以穩定的速度持續落後。現在可能是重新檢討美國把教育經費**花在哪裡**及**如何運用**的時候了。以 2015 年每個學生的教育支出來說，美國在 OECD 國家中排名第四（每個學生 1 萬 5,494 美元）。然而，美國卻落在最差的象限中（見圖 9.15），只有兩個國家的支出高於 OECD 的平均（1 萬 220 美元），但 PISA 的數學成績低於 OECD 的平均（490 分），美國是其一。遺憾的是，若學校資金來源深受財產稅的影響，美國貧富學生之間的成績差距將會持續拉大。富裕的學區有資金的補助，可以表現得更出類拔萃；貧困的學區則難以提供基本教育。

更高的教育支出，不見得促成更好的數學技能

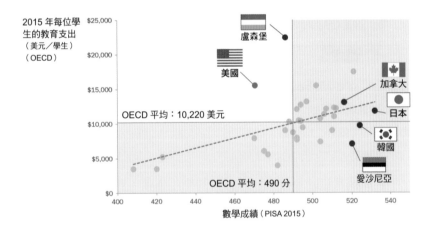

圖 9.15　只有美國與盧森堡落在左上象限（教育開支高於 OECD 的平均，但 PISA 的數學成績低於 OECD 的平均）。

資料來源：OECD、PISA。

如何解決這個日益嚴重的問題呢？2015 年 12 月，《讓每個學生成功法案》（Every Student Succeeds Act，ESSA）取代了《NCLB》。這項法案讓美國各州在管理學生教育方面，擁有更多的彈性。追求教育公平是新法案的核心，現在各州可以自己決定如何教育學生。以加拿大為例，加國幾乎完全讓各省自行提供公平的教育，而其教育系統也非常成功。所以，原則上，沒有聯邦政府的嚴格監督與干預，各州主導的教育方法也有可能成功。根據《ESSA》，以下作法可以幫美國各州提高所有學生的教育公平性：

- **更多的問責與透明度**。全美 50 州都必須向美國教育部提交問責計畫以獲得批准，《ESSA》要求各州提報每個學生的教育支出情況，以增加學區的透明度。
- **以州政府的資助抵消地方的不平等**。州政府需要投入更多的資源，以抵消地方教育的資金不平等，所造成的財務不平等。
- **幼兒教育**。貧童從上幼稚園開始，學業就迅速落後同齡者。因此，為低收入家庭的孩子提供優質的學前教育，可以幫他們做好學習準備，跟上其他學生的程度。
- **社區學校**。低收入家庭的學童在家裡常面臨困難的環境，導致他們難以專注學習。社區學校可為低收入家庭提供社會服務（醫療保健、食品、文具、課業輔導、諮詢等），幫他們解決家裡發生的問題。
- **合格師資**。低收入地區的學校與校區裡，經驗不足、效率

低下、外行教師的比例太高。各州必須追蹤及評估教師的品質，並確保所有的學生都有經驗豐富的教師。

隨著《ESSA》的推行，現在美國教育系統的成敗有賴美國 50 州的共同努力，各州的立法機構必須確保公平是教育方案的重點。如果州政府無法為貧童發聲、介入教育政策，我們會看到更多國家的教育成果超越美國的教育系統。另一方面，更公平的教育可以讓數百萬貧困的學生受惠，避免他們落後同齡者，也讓他們有機會領導及塑造國家的未來。天曉得下一個愛迪生、居里夫人、愛因斯坦，來自什麼樣的社會經濟背景？

關鍵設計全解讀

這個美國教育的資料故事，使用許多來源的資料以及多種資料視覺化，來傳達關鍵資訊。它也依循資料敘事橋段的三大構成。為了讓你更深入了解這個資料故事如何形成，底下分享每個部分的關鍵設計決策。

第一幕回顧

第一部分介紹資料故事的主題與重點。設定階段先簡要介紹美國教育系統的背景知識後，我用一個視覺「鉤子」（2000 年美國平庸的 PISA 成績），來吸引受眾。以下是我在這個部分使用的策略（見圖 9.16）：

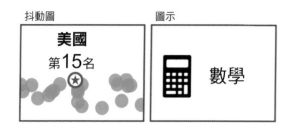

第一幕：視覺亮點

圖 9.16　在第一幕中，我使用抖動圖與圖示作為關鍵的視覺敘事策略。

- **起點。**我的資料故事一開始並沒有全面概述美國的教育趨勢，而是直接提到一個指標，那個指標顯示美國面臨的問題：以 PISA 分數來說，美國的世界排名低於平均。

- **引述。**為了替資料故事奠定基礎及提供背景資訊，我引用了幾句話。在某些情況下，一句犀利的引述可以馬上吸引受眾關注，效果與視覺化一樣好。

- **抖動圖。**對於 PISA 分數，我使用抖動圖（見頁 318 的圖 9.9），來分散其他 OECD 國家的結果。資料點重疊時，比較難看出不同國家的分布。

- **選擇性的標記。**我只標記美國，沒標記其他國家，這樣受眾就不會覺得雜訊多到吃不消。在這個階段，標記其他資料點無助於傳遞訊息。

- **圖示。**在視覺上，我使用圖示來強調三個核心主題。之後，我可以在資料故事的其餘部分重複使用這些圖示，以

強化我關注的主題。我決定在圖表中使用星點來突顯美國的得分，並在視覺上添加一點愛國色彩。

第二幕回顧

下一部分介紹《NCLB》，並評估它能否扭轉美國教育績效的下滑趨勢。我使用幾個見解鋪陳來顯示《NCLB》並未實現目標。「頓悟時刻」顯示，這個法案對於扭轉美國的 PISA 成績或國際排名的影響不大。以下是我在這個部分使用的策略（見圖 9.17）：

- **《NCLB》背景**。即使在第二幕，我仍為《NCLB》法案提供背景資訊。如果背景資訊對你的故事很重要，你不需要把背景資訊局限在「設定」階段。
- **選擇性聚焦**。為了避免資訊轟炸，我只關注數學成績。然而，我選擇展示四年級與八年級學生的數學熟練度，來顯示他們有多相似。選擇你的故事要包含及排除哪些資料，是構思資料故事的關鍵步驟。

第二幕：視覺亮點

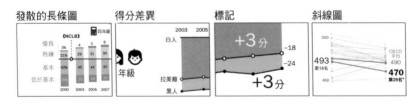

圖 9.17　在第二幕中，這些特寫鏡頭突顯出這部分做的視覺設計決定。

- **發散的長條圖**。對於熟練度的資料，發散的長條圖（見頁 319 的圖 9.10）可以有效地顯示評級量表，因為正面與負面可放在共同基線的兩邊。這張圖表的靈感是來自皮尤研究中心（Pew Research）所繪製的類似圖表（Desilver 2017）。不過，我決定以紅色與藍色來代表負面與正面。為了強調最終的熟練度低於 100% 的目標，我以兒童的圖示來吸引大家注意最右邊那個 2015 年的資料。

- **得分差異**。我認為，與其只用折線圖來顯示所有種族群體的分數趨勢，強調一段時間內每個種族群體與白人學生的差異更好。

- **面板面積圖**（panel area chart）。在頁 320 的圖 9.11 中，我決定把四年級與八年級學生的數學和閱讀成績都納進來，以顯示這四種趨勢的相似處：在 12 年間，測試成績的成長幅度微乎其微。

- **標記**。我不期望受眾自己計算 2003 年到 2015 年的分數變化，所以是把分數的增幅放入每個面板圖中。為了減少不必要的雜訊，我也刪除了面板圖底部那行（八年級）的 X 軸標記。

- **外推法**。為了強調變化速度緩慢，我推算若要縮小四年級拉美裔與黑人學生的分數落差需要多少時間（分別是 72 年與 108 年）。有時把時間拉長，顯示長期累積的大數字，大家更了解累積的效應。

- **斜線圖**。這種圖表類型（見頁 321 的圖 9.12）可以有效突顯

出兩段期間的關鍵轉換。這張圖是資料故事的高潮，它顯示《NCLB》並沒有減緩美國落後其他 OECD 國家的速度，尤其是數學方面。

- **突顯顏色**。我在頁 321 的圖 9.12 中只強調美國與 OECD 的平均分數，沒有標記個別國家。我本來可以只關注這兩條線，但是以灰階效果顯示其他國家的結果，可作為實用的背景資訊。

第三幕回顧

在最後一部分，故事的焦點轉向如何解決美國教育排名下降的問題。為了衡量潛在的解決方案，這個階段必須向受眾提供更多的輔助資訊。以下是完成資料故事的最終策略（見圖 9.18）：

- **圖表 vs. 統計資料**。頁 322 的圖 9.13 顯示，在兒童貧困問題方面，美國在 OECD 國家中倒數第五。我本來可以只分享這個統計數字（29.4%），但我覺得顯示所有 OECD 國家的

第三幕：視覺亮點

圖 9.18 在第三幕中，這些特寫鏡頭代表這部分做的視覺設計決定。

資料更有分量，也可以增加背景資訊。在其他的場景中，你可能只分享一個數字，而且不必顯示圖表就有影響力。

- **軸線的標示方向**。你可能已經注意到，我在圖 9.13 中違反了視覺化的最佳作法（最好是文字平放，而不是斜放）。在這個例子中，若是使用橫條圖，會占用太多頁面上的垂直空間，所以我選擇把國名斜放，這樣就可以使用占用較少垂直空間的直條圖了。

- **輔助線**。在圖 9.13 中，平均百分比線（21％）可作為輔助線，幫大家判斷哪些國家的兒童貧困率高於或低於平均。受眾可以輕易看出哪些國家的兒童貧困率較低，哪些國家和美國一樣糟。

- **學校午餐方案的資料**。PISA 這個部分的資料讓我推斷貧困對數學成績的影響。它讓大家更清楚看到，什麼因素發揮影響，使美國學子的數學成績較低。

- **突顯顏色**。在頁 323 的圖 9.14 中，我用藍色突顯了幾個美國數據，其餘的 OECD 國家則以灰階效果變成背景資訊。同時，也放入 OECD 的平均值與美國的平均值作為基準。

- **學生圖案**。在圖 9.14 的左邊，我放了拿著食物的學生照片，以連接到學校午餐方案的資料。藉由添加這個小男孩的圖庫照片，我想讓大家記得，這些資料代表每天難以獲得足夠營養的真實孩子。本質上，我試圖把資料人性化，以提高共鳴度。

- **散點圖**。為了顯示兩個變數（每個學生的教育支出、PISA

的數學分數）之間的關係，我繪製了散點圖（見頁 324 的圖 9.15）。我在兩個坐標軸上添加了 OECD 平均值作為輔助線，以創造出四個象限。我還加入一條趨勢線，以幫受眾更快看出，哪些國家的教育支出與數學分數表現不佳或表現優良。

- **國旗圖案**。在圖 9.15 中，我以國旗來標注表現優良的國家。我可以只放國名，但我覺得放國旗能讓選定的資料點更突出。我曾猶豫要不要加入盧森堡的國旗，因為它不是故事的核心。然而，我對不同的受眾測試這張圖時，他們總是問我，哪個國家與美國位於同一象限。加入盧森堡的國旗後，就消除了這個不必要的問題。

- **背景灰階**。在圖 9.15 中，我也為三個象限增添灰階背景，以便把大家的注意力拉到左上象限，亦即美國的位置。重點是讓大家注意到這是效率最低、最糟的象限。

- **建議**。解決方案或後續步驟必須根據受眾針對資訊採取行動的能力來調整。在本例中，我是把見解傳達給一般大眾，而不是政策制定者。我的目標（以旨服人）是讓更多人知道，美國學生的數學技能日益退步，以及美國人可以做什麼，來確保州政府不要忽視教育公平的重要性。

你回顧這個《NCLB》的資料故事時，可能沒發現我在資料的選擇、敘事的形成、視覺化的設計上，花了多少心思與準備。這個故事除了是實用的例子以外，我分享它還有個次要的目的：即使

《NCLB》為美國教育系統導入了前所未有的資料量，但它對學生成績的影響微乎其微。曾擔任校長的賽門·羅德伯格（Simon Rodberg）指出：「更好的教學不會來自更詳細的資訊，而是來自行為的改變……說服教師相信改變的必要性，並把焦點放在他們需要改變什麼上」（Rodberg 2019）。隨著組織累積越來越多的資料，重要的是，切記，如果資料無法用來激勵改變，有再多的資料也是枉然。無論你的職位、職務或行業是什麼，有效傳達見解的能力，是把見解化為進步的關鍵。

翻轉命運的資料故事

> 「好故事」是值得說出來、大家想聽的故事。找到這種故事是你的任務……你的目標是把好故事精彩地呈現出來。
>
> ——編劇專家兼作家麥基

許多成功的資料故事，不是由著名的資料記者或資料視覺化專家編寫的。你不會在熱門的媒體網站或重要會議上看到它們。這些敘事者也沒有獲得任何業界的讚譽或肯定。然而，這些資料故事都對受眾（團隊、部門或公司）產生了巨大的影響。以下，我想介紹幾個日常的資料故事實例。

取材自真實故事 #1：編輯必須留住熟練的寫手

莎拉是大型媒體公司的資深編輯，她發現一位在社群媒體上擁

有許多粉絲的年輕新銳寫手溫蒂，剛收到競爭對手的工作邀請，她覺得很尷尬。那位年輕寫手加入公司不到兩年，競爭對手現在開出兩倍的薪水來挖角（從年薪 3 萬美元，增至 6 萬美元）。莎拉知道，她要是失去這位新銳寫手，今年她的團隊很難達成年度目標。然而，她也不太敢去找總編，請他為那位新銳寫手提早大幅加薪。

莎拉與分析團隊花了兩小時分析這位寫手的貢獻後，她驚訝地發現，這位年輕寫手給公司帶來的年度廣告收入超過 150 萬美元！莎拉沒有構思詳盡的資料故事，而是以「資料預告」的格式，發一封簡單的電郵給總編吉姆（見圖 9.19）。

莎拉沒有把他們分析的所有資料（溫蒂對公司的具體貢獻）寄給忙碌的主管，她的資料故事只局限在簡單的資料預告：設定（兩年資歷，3 萬名社群粉絲）、鉤子（年薪 6 萬美元的工作機會）、頓悟時刻（廣告收入 150 萬美元）。在這個例子中，資料預告包括提議的解決方案（加薪至 6 萬 5,000 美元），因為這是需要關注的緊急要求。如果吉姆想深入了解廣告收入的計算，莎拉可以為他準備更詳細的資料故事。在這個例子中，150 萬美元的廣告收入增量讓吉姆毫不猶豫做了加薪的決定，他很快就批准了莎拉的建議。5 年後，溫蒂仍在同一家媒體公司上班，她可能不知道自己對雇主有多重要。如果是由溫蒂構思這個資料故事，她可能會提出不同的建議——別管 6 萬 5,000 美元了，試試 12 萬 5,000 美元。

誠如這個例子所示，資料故事不見得要很宏大。一個簡單的圖表和簡潔的敘事，也許就能馬上促成決定及目標行動。在這個例子中，圖像幫莎拉強調了「頓悟時刻」。雖然在較短的溝通中，你不

見得需要圖表，但一個簡單的圖像可能正是驅動關鍵決策的引爆點。

電子郵件中的資料預告

吉姆好，

　　昨天，我們收到溫蒂的離職通知。X 媒體公司開出年薪 6 萬美元，請她去做類似的職務。溫蒂大學畢業後加入我的團隊雖不到兩年，但她已是我們的頂尖娛樂寫手，在社群媒體上有超過 3 萬名的粉絲。

過去一年，溫蒂創造了 153 萬美元的廣告收入

　　最近我們評估她對團隊的貢獻後，發現過去一年，她為我們帶進 153 萬美元的廣告收入增量。為了確保我的團隊達成今年 800 萬美元的營收目標，我建議我們本週向溫蒂提出加薪至 6 萬 5,000 美元的提議。請讓我知道我能否把這個加薪提案送到人力資源部。如果您有任何顧慮或疑問，請告訴我。

謝謝。
莎拉

圖 9.19　莎拉寫了封電郵給老闆吉姆，這是修潤過的資料預告，目的是為了留住優秀的團隊成員溫蒂。

取材自真實故事 #2：製造商需要新的定價策略

　　一家私募公司收購某大包裝製造商後，為那家製造商訂了一大目標：未來三年顯著提高獲利。私募公司希望製造商的領導團隊專心改善現有的事業，而不是持續擴大客群。分析團隊開始尋找製造商可改善財務績效的潛在領域。他們對定價方法做了探索性分析，得出最有前景的發現。然而，為了在目前的銷售策略中推動這個困難的轉變，分析經理凱文需要先獲得領導團隊的支持。他精心設計了資料故事，以幫忙解釋採用新定價法的商機。

　　設定與鉤子：幾乎三分之一的客戶無利可圖。凱文的第一個目標是讓領導團隊了解，目前的客戶組合所帶來的營收與獲利。這家製造商的年收入為 7 億 2,000 萬美元，獲利約 7,500 萬美元。凱文利用有漸變色尺度的散點圖來顯示毛利率。管理高層可以從圖中看到一大群紅色的客戶，他們的毛利率很低或是負的。公司服務這些客戶幾乎都在賠錢。約 2 億 5,000 萬美元的總收入（三分之一的業務）來自毛利率低於 5% 的客戶。凱文使用過濾後的散點圖（見圖 9.20），把受眾的注意力導向這群毛利不佳的客戶。這張圖變成資料故事的關鍵鉤子。

　　見解鋪陳：提高毛利率，而不是增加銷售額。凱文接著向領導團隊展示，把毛利率低於 5% 的客戶提升到毛利率等於 5%，將使獲利增加 2,700 萬美元。這相當於以 10% 的毛利率增加 2 億 7,000 萬美元的銷售額。此外，如果製造商能讓利潤較低的客戶，達到公司平均 10% 的毛利率，就能產生總計 4,000 萬美元的獲利。這相當

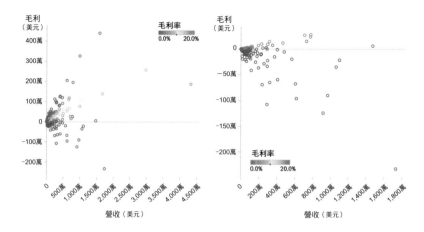

圖 9.20 左邊的散點圖顯示客戶的毛利與營收,漸變色的尺度顯示每個客戶的毛利率。右邊是過濾後的散點圖,只顯示毛利率低於 5%的客戶。

於在目前 10%的平均毛利率基礎上,再增加 4 億美元的銷售額(見下頁的圖 9.21)。特別是,5%的毛利率是目前可實現的目標,10%的毛利率可能需要兩三年的時間才能達到。

相較於獲得新業務,改善現有的事業是比較可行的選項。主因是,即使製造商能增加銷售額,如果沒有大量的資本支出,它也缺乏生產力來完成額外的工作,因為他們已經以滿載的產能全年運轉了。然而,若只提高價格以提高毛利率,則可維持目前的產能。

頓悟時刻:對最差的客戶調整定價。凱文接著把焦點放在最差的客戶上,把他們視為眼前最大的商機。公司目前有 1 億 7,000 萬美元的業務是毛利率為零,甚至是負的。只要把這些客戶的毛利率都變成零,就能讓獲利增加 1,600 萬美元。基本上,公司只要**不再**

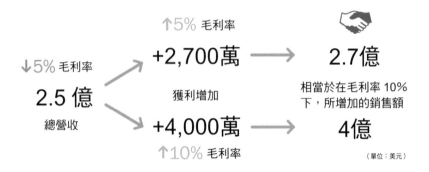

提高客戶毛利率的顯著好處

↓5% 毛利率
2.5 億
總營收

↑5% 毛利率
+2,700萬
獲利增加

+4,000萬
↑10% 毛利率

2.7億
相當於在毛利率 10%
下,所增加的銷售額

4億
(單位:美元)

圖 9.21 如果製造商把最差客戶的毛利率提升至 5%,獲利可增加 2,700 萬美元;把毛利率提升至 10%,獲利可增加 4,000 萬美元。這兩筆獲利的增額,相當於銷售額分別增加 2 億 7000 萬美元與 4 億美元。

銷貨給他們,就能少賠 1,600 萬美元。此外,這也可以釋出產能去做更有利可圖的工作。如果這些客戶不考慮合理的價格上漲,製造商應該考慮終止業務關係。

凱文的團隊也證明,失去那些客戶的風險很低。畢竟,競爭對手不太可能提供更好的價格,因為凱文的公司是產業內的主要業者,在採購原物料與成本結構方面都有優勢。如果那些客戶對這家大製造商來說都無利可圖了,對競爭對手來說也是如此。如果競爭對手願意接受那些客戶,他們將以低毛利占用工廠的產能。這表示,由於產業的產能限制,毛利率更高的機會可能會流向凱文的公司。

解方與後續步驟:以資料佐證棘手的訊息。有效的溝通與業務

部門的執行，是成功導入新定價策略的關鍵。雖然領導團隊已經做好流失客戶的準備，但他們還是比較希望留住客戶。除了改變銷售團隊的傭金制度以外（從著重營收成長，改成著重獲利成長），業務員也拿到了散點圖，以及每位最糟客戶的單頁檔案（內有基本的銷售與獲利數據）。有了這些資訊以後，業務員可以冷靜、就事論事地與客戶討論製造商毛利率為負的問題，並自信地傳達訊息。

在頁 337 的圖 9.20 中，你可以看到有個客戶位於散點圖的右下方，亦即很深的負毛利區。業務員與這個大客戶說明負毛利率時，對方回答：「讓你們虧損不是好事，這對我們雙方來說都沒有好處。」結果，新的定價策略強化了製造商與這家客戶的關係，並幫製造商在一年內大幅提高了獲利（從大虧 320 萬美元，變成小賺 20 萬美元），更在兩年內把營收擴大了近一倍（從 1,700 萬美元，變成 3,200 萬美元）。又過了兩年，這個客戶的營收成長到 5,000 萬美元，獲利成長至 500 萬美元，四年間達成令人難以置信的轉變。

整體來說，製造商的獲利在三年內，從個位數成長到 20% 以上。而新的定價策略，正是成功的關鍵。資料敘事不僅讓分析經理獲得領導團隊的支持，也讓銷售團隊了解如何與賠錢的客戶協商更好的價格。

這兩個真實世界的資料故事顯示，有效的資料敘事如何改變團隊或組織的命運。這兩個例子都不需要太多的資料或圖像就能講述故事。如果你應用本書的概念與原則，你的日常資料故事也能獲得類似的成效，無論它們是什麼類型、規模或風格。

掌握人心，引領改變

> 沒有人是因為一個數字而做決定，他們需要故事。
>
> ——心理學家、行為經濟學家兼作家康納曼

　　資料敘事可以促成改變。很多人沒有想到，他們分享見解時，不只是在傳遞資訊而已。分享見解的自然結果是改變。你是在告訴別人：**停止做那個，多做這個；少關注他們，多關注這些人；少買這個，多投資那個**。深刻的見解會讓受到啟發的受眾，以不同的方式思考或行動。所以，身為資料敘事者，你不僅是透過資料引導受眾，也是**改變的推動者**。你不只指出可能的改進之道，也幫受眾充分了解改變的緊迫性，讓他們有信心向前邁進。

　　在快速數位化轉型的時代，組織需要更多精通資料的改變推動者。能夠發現見解，並把見解轉化為進步與創新的人，將在市場上獲得重視。資料敘事的力量，不是少數資料專業人士的專利。由於資料不再局限於某些專業領域（例如 IT、財務或會計），現在各部門的員工（從人資到銷售），都需要知道如何有效地利用資料來溝通。每個組織（新創企業、一般企業、非營利組織或政府機構），也都需要邀請更多人參與資料對話。而資料故事的講述與分享，可以催生更強大、更多元的資料文化。另一方面，每個人在利用資料促成改變的過程中，勢必會經歷以下三個階段（見圖 9.22）：

　　1.**資料識讀力**。首先，第 1 章提過，你需要有基本的算術技

利用資料促成改變的三個關鍵

圖 9.22　想利用資料來促成改變，你需要有充分的資料識讀力，以正確地了解與解讀資料。接著，你需要保持好奇心，自由地探索資料，找到有意義的見解。最後，你需要掌握資料敘事的技巧，如此才能有效地傳達見解。

巧。例如，能夠解讀標準的資料表或圖表。你也需要熟悉基本的統計資料（平均值、標準差、相關性），並充分了解你的角色、職務、產業的專業衡量指標。對許多人來說，上大學的數學課或統計課已經是多年前的事了。儘管如此，重溫這些技能很重要，這樣才能正確地了解與解讀資料。如果你是以糟糕或錯誤的解讀為基礎，資料故事很快就崩解了。幸好，資料識讀力可以透過培訓與實際經驗來培養。

2. **資料好奇心**。下一個重要步驟是培養好奇的欲望與能力，對資料提出問題，並增廣見聞。雖然有些人的好奇心比較強烈，但好奇心是每個人與生俱來的特質。然而，除了時間可能限制好奇心以外，環境與心理狀態也會影響好奇心。另一

方面，外部因素也會削弱好奇心，像是資料有限、資料品質欠佳或不相干、資料工具難用。同樣的，內部因素也會阻止我們探索資料，比如冷漠、害怕失敗、過度自信、思想封閉。而盡量減少或移除這類障礙，會讓你更樂於深入資料，為關鍵問題尋找答案。你從資料中發現的見解是否值得構思成資料故事以促成改變，端看見解的大小與價值而定。

3. **資料敘事**。最後一步是學習如何有效地傳達見解，讓人清楚地了解。如果你的訊息不清楚或令人費解，就不會發生改變。倘若你想讓受眾記住你傳達的資料，你的敘事必須有說服力，令人難忘。假如你在準備及講述資料故事時做得很好，受眾會把你的見解當成他們的見解，並付諸行動。

你之所以購買這本書，可能已經了解資料，並對資料有點好奇。現在，你也許對強化現有的資料敘事技巧很感興趣。然而，如果你想開始講資料故事，但覺得自己不是很了解根本的資料，你必須先花時間加強算術技巧。由於資料是基礎，薄弱的見解一定會破壞資料故事的完整性，不管它的結構或圖像有多好。如果你有必要的資料識讀力，但缺乏好奇心，我會建議你評估是哪些內部因素或外部因素阻礙你。畢竟，有越來越多的資訊正等著好奇的頭腦去探索。

美國民俗學家傑克・齊普斯（Jack Zipes）曾說：「說故事者的功能，在於喚醒別人內在那個想要說故事的靈魂。」由於這個過程有迴圈的特質（見頁 341 的圖 9.22），資料敘事者與受眾之間形成

了有趣的關係。構思資料故事以前，你需要知道受眾的資料識讀力，並配合他們調整故事內容。隨著受眾不斷接觸新的見解，他們的資料識讀力會漸漸提高。就像經常閱讀可以提高一個人的讀寫能力一樣，持續接收資料故事也會提高資料識讀力。此外，資料故事可能促使受眾自己去探索資料，並激勵他們根據自己的發現來構思資料故事。漸漸的，透過資料敘事，越來越多的改變推動者出現了，他們的聲音將加入日益蓬勃的資料對話中。

身為資料敘事者，你的任務是確保你每個有意義的見解，都有機會讓人聽到。你可能腦中已有些見解，很想與人分享。而你講述資料故事的能力，或許正是問題獲得解決或遭到忽視的關鍵，也影響了機會的把握與錯過，甚至決定了風險是降低還是加劇。詩人安傑洛曾說：「如果你想讓別人聽到你說的話，那就慢慢來，讓對方真的聽到。」換成資料的傳遞，你不僅想讓受眾聽到訊息，也想讓受眾像你一樣，清楚地看到與了解那些見解。你發現重要的見解時（它落在第 4 章的故事區），必須投入時間與心血，去構思符合其分量與重要性的資料故事。如果你構思的資料故事不足，那是在幫倒忙，可能導致效果大打折扣或見解遭到忽略。

幾百年來，我們說故事的方式經歷了很大的轉變，但故事依然對我們有近乎神祕的力量。敘事是我們處理與儲存資訊時，不可或缺的方式。讀完這本書，希望你對於敘事如何促進見解的分享，有了新的了解。從南丁格爾到羅斯林，不同的資料敘事者把資料視覺化與敘事成功地結合起來，以激發及促成正面的改變。根據本書分享的資料敘事原則，現在你應該也可以為你的資料發現，採取類似

的作法。

霍皮族的印第安部落（Hopi Indian）有句諺語：「說故事的人主宰著世界。」如今，隨著我們越來越依賴資料，能夠有效講述資料故事的人，將會影響及主導我們的數位世界。不過，套用我最喜歡的敘事者——已故漫畫大師史丹‧李（Stan Lee）的話：「能力越大，責任越大。」雖然資料敘事可以拯救原本淹沒在大量資料中的見解，但它也可以用來扭曲事實及誤導大家。作為尋求真相的資料敘事者，我們的責任是確保資料故事帶來啟發，而不是欺騙。資料敘事的藝術仍處於發展成形的階段，我們的共同責任是確保這種數位藝術遵守高道德標準，誠信可靠。

不管你的事實有多可靠，敘事有多精彩，圖像有多誘人，資料敘事有時還是充滿挑戰。由於新的見解代表改變，你會持續面對現狀、傳統、慣例、制度規範的挑戰。雖然資料敘事可以強化你傳達的重點，但不保證受眾更容易做出棘手的決定。

金恩博士曾說：「改變不是必然，需要不斷的奮鬥才能實現。」而你努力不懈地為數字提供清晰、令人信服的敘事時，也會對你的團隊、組織、社區或理念，產生明顯的影響。在「講故事」這門古老的學問中，資料敘事是比較新的領域。隨著能力與創意的發展，我們會持續看到資料敘事領域的創新與作法推陳出新。就像我分享自己在資料敘事歷程中所學到的重要經驗一樣，我期待聽到你構思資料故事的成果與經歷。總之，希望你的資料故事能夠激勵受眾付諸行動，接納改變，**從此像故事的結局一樣，過得幸福美**

滿。言盡於此！**❶**（感謝史丹！）

如欲取得更多有關資料敘事的資訊與資源，請掃描下方 QR Code，或搜尋 https://reurl.cc/X4boaa。

---

❶ 原文是「Nuff said!」此為史丹的口頭禪之一。

謝辭

　　寫書的時候，你會發現有家人、朋友、同仁的支持有多麼重要。首先我要感謝內人 Libby 和我們的五個孩子（Lauren、Cassidy、Linden、Peter、Josh）。沒有他們的愛、支持與耐心，就不可能有這本書。我也要感謝家父這輩子一直以講故事的方式啟發我，以及家母包容他講述的一切故事。

　　感謝每一位在我寫書期間提供我意見、專業知識、經驗、鼓勵的人。打從一開始，Chad Greenleaf 與 Tim Wilson 在這本書的每個開發階段，就是卓越的顧問。我也要感謝 Chris Haleua、Dylan Lewis、Maria Massey-Rosato、Andrea Henderson、Alan Wilson、Jason Krantz、Alex Abell、Sarah Chalupa、Dan Stubbs、Archie Baron、Dan Hillman、Chris Willis、Andrew Anderson、Jared Watson、Kristie Rowley、Jeremy Morris、John Stevens、James Arrington。感謝 Chad Greenleaf 與 Tim Wilson 在編輯這本書的過程中，所做的寶貴貢獻。此外，也謝謝 Sheck Cho、Purvi Patel，以及整個 Wiley 團隊讓這本書順利出版。

　　在探索資料敘事的過程中，許多人啟發了我，我想在此一併感謝：Hans Rosling、Chip Heath、Dan Heath、Steve Denning、

Stephen Few、Dona Wong、Alberto Cairo、Edward Tufte、Daniel Kahneman。最後，我想感謝這些年來，每一位來聽我演講及授課的人，也謝謝大家閱讀與分享我談資料敘事的文章。希望各位喜歡這本因你的興趣、而啟發我撰寫的書。

關於網站

　　為了幫大家準備資料敘事，我準備了一些素材，讓大家從本書的配套網站下載：請掃描右上方 QR Code，或搜尋 https://reurl.cc/02eLW6。該網站的密碼是：Dykes2020。這些檔案顯示本書收錄的圖表是如何繪製的。另外，上面還有一些流程圖，大家可以列印出來參考並從中獲得靈感。以下是網站上提供的一些檔案：

1. **EDS_ch7-8_figures.xlsx**：這個 Excel 檔案包含第 7 章與第 8 章的所有圖表。如果你對繪製圖表有疑問，可以查看這個檔案中的圖表設定與格式。你會看到數個工作表對應這兩章的每個圖。

2. **EDS_ch7-8_figures.pptx**：這個 PowerPoint 檔案包含第 7 章與第 8 章的所有圖表。我分享這個檔案夾，你就可以看到我是如何在 PowerPoint 中添加 Excel 圖表，以創造書中出現的最終版本。我把 Excel 表格轉換成圖像，以簡化 PowerPoint 檔案。通常，圖表只是嵌入的物件。

3. **EDS_reference_diagrams.PDF**：這個 PDF 檔案包含書中的一些關鍵圖表，它們可能是實用的參考素材。我會根據讀者

的意見回饋，擴充這個檔案收錄的圖表。如果你想看到書中
的某個圖表添加到這個參考檔中，請讓我知道。

參考資料

Chapter 1　資料、地雷與見解

1. Gregoire, C. 2013. How to train your brain to see what others don't. *Huffington Post*, August 25. https://www.huffpost.com/entry/insights-brain_n_3795229.
2. Kotter, J. 2013. Leading change: establish a sense of urgency. YouTube, August 15. https://www.youtube.com/watch?v=2Yfrj2Y9III.
3. McKinsey & Company. 2009. Hal Varian on how the Web challenges managers. January. https://www.mckinsey.com/industries/high-tech/our-insights/hal-varian-on-how-the-web-challenges-managers.
4. Online Etymology Dictionary. 2019. Insight (n.). https://www.etymonline.com/word/insight (accessed May 26, 2016).
5. Patrizio, A. 2018. IDC: Expect 175 zettabytes of data worldwide by 2025. *Network World*, December 3. https://www.networkworld.com/article/3325397/idc-expect-175-zettabytes-of-data-worldwide-by-2025.html.
6. PowerReviews. 2018. The growing power of reviews: Understanding consumer purchase behaviors. https://www.powerreviews.com/insights/growing-power-of-reviews/.
7. Ramakrishnan, R. 2017. I have data, I need insights. Where do I start? *Towards Data Science*, July 2. https://towardsdatascience.com/i-have-data-i-need-insights-where-do-i-start-7ddc935ab365.

Chapter 2　改變世界的敘事魔法

1. Balter, M. 2014. Ancient campfires led to the rise of storytelling. *Science*, September 14. http://www.sciencemag.org/news/2014/09/ancient-campfires-led-rise-storytelling.
2. Bay Area News Group. 2017. State Sen. Richard Pan praised by colleagues over vaccine bill. *Daily News*, July 4. http://www.dailynews.com/2015/07/04/state-sen-richard-pan-praised-by-colleagues-over-vaccine-bill/.
3. Bower, G.H., and Clark, M.C. 1969. Narrative stories as mediators for serial

learning. *Psychonomic Science* 14:181-182.

4. Callahan, S. 2016. The role of stories in data storytelling. *Anecdote*, August 4. http://www.anecdote.com/2016/08/stories-data-storytelling/.

5. Centers for Disease Control and Prevention. 2015. Measles Outbreak—California, December 2014-February 2015. *Morbidity and Mortality Report*, February 20. https://www.cdc.gov/mmwr/preview/mmwrhtml/mm6406a5.htm.

6. Delp, C., and Jones, J. 1996. Communicating information to patients: The use of cartoon illustrations to improve comprehension of instructions. *Academic Emergency Medicine* 3:264-270.

7. Denning, S. 2000. *The Springboard: How Storytelling Ignites Action in Knowledge-Era Organizations*. New York, NY: Butterworth-Heinemann.

8. _____ 2001. Storytelling to ignite change: Steve Denning—The Pakistan story. http://www.creatingthe21stcentury.org/Steve6-Pakistan.html.

9. _____ 2007. *The Secret Language of Leadership: How Leaders Inspire Action Through Narrative*. San Francisco, CA: John Wiley & Sons.

10. _____ 2012. The science of storytelling. https://www.forbes.com/sites/stevedenning/2012/03/09/the-science-of-storytelling/ #3be796732d8a.

11. Dunbar, R.I.M. 2004. Gossip in evolutionary perspective. *Review of General Psychology* 8 (2): 100-110.

12. eMarketer. 2017. US adults now spend 12 hours 7 minutes a day consuming media. *eMarketer*, May 1. https://www.emarketer.com/Article/US-Adults-Now-Spend-12-Hours-7-Minutes-Day-Consuming-Media/1015775.

13. Gailo, C. 2014. How Sheryl Sandberg's last-minute addition to her TED talk sparked a movement. *Forbes*, February 28. https://www.forbes.com/sites/carminegallo/2014/02/28/how-sheryl-sandbergs-last-minute-addition-to-her-ted-talk-sparked-a-movement/#3871d1a365c2.

14. Gottschall, J. 2012. *The Storytelling Animal: How Stories Make Us Human*. Boston, MA: Mariner Books.

15. Hagen, S. 2012. The mind's eye. *Rochester Review* 74 (4). http://www.rochester.edu/pr/Review/V74N4/0402_brainscience.html.

16. Hare, E. 2017. Facts alone won't convince people to vaccinate their kids. *FiveThirtyEight*, June 12. https://fivethirtyeight.com/features/facts-alone-wont-convince-people-to-vaccinate-their-kids/.

17. Heath, C., and Heath, D. 2008. *Made to Stick: Why Some Ideas Survive and Others Die*. New York, NY: Random House.

18. Horn, R. 2001. Visual language and converging technologies in the next 10-15 years (and beyond). National Science Foundation conference on converging technologies (Nano-Bio-Info-Cogno) for Improving Human Performance

(December 3-4, 2001).

19. Kastrenakes, J. 2017. Instagram added 200 million daily users a year after launching Stories. *The Verge*, September 25. https://www.theverge. com/2017/9/25/16361356/instagram-500-million-daily-active-users.

20. Kirkpatrick, E.A. 1894. "An Experimental Study of Memory." *Psychological Review* 1: 602-609.

21. Pandey, A., Manivannan, A., Nov, O., Satterthwaite, M., and Bertini, E. 2014. The persuasive power of data visualization. *Visualization and Computer Graphics*, IEEE Transactions 20 (12): 2211-2220.

22. Pennington, N., and Hastie, R. 1988. Explanation-based decision-making: Effects of memory structure on judgment. *Journal of Experimental Psychology: Earning, Memory & Cognition* 14 (3): 521-533.

23. Schneider, A., and Domhoff, G. W. 2019. The quantitative study of dreams. http://www.dreamresearch.net/ (accessed May 14, 2019).

24. Simmons, A. 2006. *The Story Factor: Secrets of Influence from the Art of Storytelling*. New York, NY: Basic Books.

25. Standing, L., Conezio, J., and Haber, R.N. 1970. Perception and memory for pictures: Single-trial learning of 2500 visual stimuli. *Psychonomic Science* 19 (2): 73-74. https://doi.org/10.3758/BF03337426.

26. Tal, A., and Wansink, B. 2016. Blinded with science: Trivial graphs and formulas increase ad persuasiveness and belief in product efficacy. *Public Understanding of Science* 25 (1): 117-125.

27. University of Pittsburgh. 2015. Simulation brings facts to measles outbreak and vaccination debate. *Globe Newswire*, February 17. https://globenewswire.com/news-release/2015/02/17/707021/10120524/en/Simulation-Brings-Facts-to-Measles-Outbreak-and-vaccination-Debate.html.

Chapter 3　資料故事心理學

1. Appel, M., and Richter, T. 2007. Persuasive effects of fictional narratives increase over time. *Media Psychology* 10 (1): 113-134.

2. Badcock, C. 2012. Making sense of Wason. *Psychology Today*, May 5. https://www.psychologytoday.com/us/blog/the-imprinted-brain/201205/making-sense-wason.

3. Cook, J., and Lewandowsky, S. 2011. *The Debunking Handbook*. St. Lucia, Australia: University of Queensland.

4. Damásio, A. 2009. When emotions make better decisions. Interview at Aspen Ideas Festival in Aspen, CO (July 4). https://www.youtube.com/watch?v=1wup_K2WN0I.

5. Ditto, P.H., and Lopez, D.F. 1992. Motivated skepticism: Use of differential decision criteria for preferred and nonpreferred conclusions. *Journal of Personality and Social Psychology* 63 (4): 568-584.

6. Drahl, C. 2014. How does acetaminophen work? Researchers still aren't sure. *Chemical & Engineering News* 92 (29): 31-32. https://cen.acs.org/articles/92/i29/Does-Acetaminophen-Work-Researchers-Still .html.

7. Emory University Health Sciences Center. 2006. Emory study lights up the political brain. *Science Daily*, January 31. https://www.sciencedaily.com/releases/2006/01/060131092225.htm.

8. Friendly, M. 2008. A brief history of data visualization. *In Handbook of Data Visualization*. Berlin Heidelberg: Springer-Verlag.

9. Gilbert, D. 2006. I'm O.K., you're biased. *New York Times*, April 16. https://www.nytimes.com/2006/04/16/opinion/im-ok-youre-biased.html.

10. Gottschall, J. 2012. Why storytelling is the ultimate weapon. *Fast Company*, May 2. https://www.fastcompany.com/1680581/why-storytelling-is-the-ultimate-weapon.

11. Green, M.C., and Brock, T.C. 2000. The role of transportation in the persuasiveness of public narratives. *Journal of Personality and Social Psychology* 79 (5): 701-721.

12. Guber, P. 2013. *Tell to Win: Connect, Persuade, and Triumph with the Hidden Power of Story*. New York: Crown.

13. Hasson, U. 2016. This is your brain on communication. https://www.ted.com/talks/uri_hasson_this_is_your_brain_on_communication/ transcript#t-3558 (accessed May 16, 2019).

14. Heider, F., and Simmel, M. 1944. An experimental study of apparent behaviour. *American Journal of Psychology* 57:243-259.

15. Hillier, A., Kelly, R.P., and Klinger, T. 2016. Narrative style influences citation frequency in climate change science. *PLoS ONE* 11 (12). https://doi.org/10.1371/journal.pone.0167983.

16. Johnson, H.M., and Seifert, C.M. 1994. Sources of the continued influence effect: When misinformation in memory affects later inferences. *Journal of Experimental Psychology: Learning, Memory, and Cognition* 20 (6): 1420-1436.

17. Kahneman, D. 2011. *Thinking, Fast and Slow*. New York: Farrar, Straus and Giroux.

18. Kaplan, J.T., Gimbel, S.I., and Harris, S. 2016. Neural correlates of maintaining one's political beliefs in the face of counterevidence. *Scientific Reports*, December 6. doi: 10.1038/srep39589

19. Knight, W. 2017. The dark secret at the heart of AI. *MIT Technology Review*,

April 11. https://www.technologyreview.com/s/604087/the-dark-secret-at-the-heart-of-ai/.

20. Leslie, A.M., and Keeble, S. 1987. Do six-month-old infants perceive causality? *Cognition* 25 (3): 265-288.

21. Lewandowsky, S. 2011. Popular consensus: Climate change set to continue. *Psychological Science* 22: 460-463.

22. Nyhan, B., and Reifler, J. 2010. When corrections fail: The persistence of political misperceptions. *Political Behavior* 32 (2): 303-330.

23. Nyhan, B., and Reifler, J. 2018. The roles of information deficits and identity threat in the prevalence of misperceptions. *Journal of Elections Public Opinion and Parties* 29 (2): 1-23.

24. Paul, A. 2012. Your brain on fiction. *New York Times*, March 18. https://www.nytimes.com/2012/03/18/opinion/sunday/the-neuroscience-of-your-brain-on-fiction.html.

25. Rodenberg, M. 2013. How tall (short) was Napoleon Bonaparte? *Finding Napoleon*, October 24. http://www.mrodenberg.com/2013/10/24/how-tall-short-was-napoleon-bonaparte/.

26. Schlich, T. 2013. Farmer to industrialist: Lister's antisepsis and the making of modern surgery in Germany. *The Royal Society Journal of the History of Science*, May 29. http://rsnr.royalsocietypublishing.org/content/67/3/245.

27. Semmelweis, I. 1861. *The Etiology, Concept, and Prophylaxis of Childbed Fever* (trans. C. Carter). Madison, WI: University of Wisconsin Press.

28. Stephens, GJ., Silbert, LJ., and Hasson, U. 2010. Speaker-listener neural coupling underlies successful communication. *Proceedings of the National Academy of Sciences of the United States of America* 107: 1442514430. doi: 10.1073/pnas.1008662107.

29. Westen, D., Blagov, P.S., Harenski, K., Kilts, C., and Hamann, S. 2007. The neural basis of motivated reasoning: An fMRI study of emotional constraints on political judgment during the US Presidential Election of 2004. *Journal of Cognitive Neuroscience* 18: 1947-1958.

30. Wood, T., and Porter, E. 2019. The elusive backfire effect: Mass attitudes' steadfast factual adherence. *Political Behavior* 41 (1): 135. https://doi.org/10.1007/s11109-018-9443-y.

31. Zak, P. 2012. Empathy, neurochemistry, and the dramatic arc: Paul Zak at the Future of Storytelling 2012. https://www.youtube.com/watch?v=q1a7tiA1Qzo (accessed May 16, 2019).

Chapter 4 資料故事的解剖

1. Bostridge, M. 2015. Florence Nightingale: Saving lives with statistics. http://www.bbc.co.uk/timelines/z92hsbk (accessed 17 May 2019).
2. Borel, B. 2013. Happy birthday John Snow, father of modern epidemiology: A Q&A with Steven Johnson. *TEDBlog*, March 15. https://blog.ted.com/happy-birthday-john-snow-father-of-modern-epidemiology-a-qa-with-steven-johnson/.
3. Bradley, L. 2018. How real-time data, insights, emotion can enhance UFC storytelling. *SporTechie*, January 3. https://www.sporttechie.com/real-time-data-insights-emotion-enhance-ufc-storytelling/.
4. Keohane, J. 2017. What news-writing bots mean for the future of journalism. *Wired*, February 16. https://www.wired.com/2017/02/robots-wrote-this-story/.
5. McDonald, L. (ed.) 2012. *Florence Nightingale and Hospital Reform: Collected Works of Florence Nightingale*, Vol. 16. *Waterloo, Ontario, Canada*: Wilfrid Laurier University Press.
6. Moses, L. 2017. *The Washington Post*'s robot reporter has published 850 articles in the past year. *Digiday*, September14. https://digiday.com/media/washington-posts-robot-reporter-published-500- articles-last-year.
7. Oxford living Dictionaries. 2019. Curate. https://en.oxforddictionaries.com/definition/curate (accessed 17 May 17, 2019).
8. *Planes, Trains, and Automobiles* (1987). [Film]. John Hughes. Dir. USA: Paramount Pictures.
9. Reynolds, G. 2006. "Slideuments" and the catch-22 for conference speakers. Presentation Zen, April 5. https://www.presentationzen.com/presentationzen/2006/04/slideuments_and.html.
10. Simmons, A. 2009. *The Story Factor: Secrets of Influence from the Art of Storytelling*. New York: Basic Books.
11. Small, H. 1998. Florence Nightingale's statistical diagrams. Presentation to Research conference organized by the Florence Nightingale Museum, St. Thomas's Hospital, March 18. http://www.florence-nightingale-avenging-angel.co.uk/GraphicsPaper/Graphics.htm.
12. Snow, J. 1855. *On the Mode of Communication of Cholera*, second edition. London: T. Richards. https://archive.org/stream/b28985266#page/40/mode/2up.
13. Tufte, E.R. 2001. *The Visual Display of Wuantitative Information*. Cheshire, CT: Graphics Press.
14. WashPostPR. 2017. The Washington Post leverages automated storytelling to cover high school football. *WashPost PR Blog*, September 1. https://www.washingtonpost.com/pr/wp/2017/09/01/the-washington-post-leverages-heliograf-to-cover-high-school-football/.

15. Wikipedia. 2019. Boil-water advisory. https://en.wikipedia.org/wiki/Boil-water_advisory (accessed May 17, 2019).

16. _____ 2019. Florence Nightingale. https://en.wikipedia.org/wiki/Narrative (accessed May 17, 2019).

17. _____ 2019. Narrative. https://en.wikipedia.org/wiki/Narrative (accessed May 17, 2019).

Chapter 5　打下資料故事的地基

1. Bohannon, J. 2015. I fooled millions into thinking chocolate helps weight loss. Here's how. *Gizmodo*, April 27. https://io9.gizmodo.com/i-fooled-millions-into-thinking-chocolate-helps-weight-1707251800.

2. Cairo, A. 2016. *The Truthful Art: Data, Charts, and Maps for Communication.* Thousand Oaks, CA: New Riders Publishing.

3. Feynman, R. 1974. Cargo cult science. Speech presented at Caltech's 1974 commencement address in Pasadena, CA (June 14).

4. Heath, C., and Heath, D. 2006. The curse of knowledge. *Harvard Business Review*, December. https://hbr.org/2006/12/the-curse-of-knowledge.

5. Ioannidis, J.P.A. 2005. Why most published research findings are false. *PLoS Medicine* 2 (8): e124. https://doi.org/10.1371/journal.pmed.0020124.

6. Klein, N., and O'Brien, E. 2018. People use less information than they think to make up their minds. *Proceedings of the National Academy of Sciences* 115 (52): 13222-13227.

7. Light, R.J., Singer, J.D., and Willett, J.B. 1990. *By Design: Planning Research on Higher Education.* Cambridge, MA: Harvard University Press.

8. McRaney, D. 2010. The Texas sharpshooter fallacy. *You Are Not So Smart*, September 11. https://youarenotsosmart.com/2010/09/11/the-texas-sharpshooter-fallacy/.

9. Miller, G.A. 1956. The magical number seven, plus or minus two: Some limits on our capacity for processing information. *Psychological Review* 63: 81-97.

10. Nuzzo, R. 2015. How scientists fool themselves—and how they can stop. *Nature* 526 (7572): 182-185. https://www.nature.com/news/how-scientists-fool-themselves-and-how-they-can-stop-1.18517.

11. Patil, D., and Mason, H. 2015. *Data Driven: Creating a Data Culture.* Sebastopol, CA: O'Reilly Media.

12. Smith, G. 2016. *Standard Deviations: Flawed Assumptions, Tortured Data and Other Ways to Lie with Statistics.* London: Duckworth Overlook.

13. Sweller, J. 1988. Cognitive load during problem solving: Effects on learning. *Cognitive Science* 12: 257-285.

14. University of New South Wales. 2012. Four is the "magic" number. *Science News*, November 28. https://www.sciencedaily.com/releases/2012/11/121128093930.htm.
15. Waisberg, D. 2016. Data stories with Avinash Kaushik and Daniel Waisberg. November 28. https://www.youtube.com/watch?v= PcKrtCo4Zmo.

Chapter 6　說故事的技藝

1. Duarte, N. 2010. *Resonate; Present Visual Stories That Transform Audiences.* Hoboken, NJ: John Wiley & Sons.
2. Freytag, G. 1895. *Freytag's Technique of the Drama; An Exposition of Dramatic Composition and Art* (trans. E. J. MacEwan). Chicago: S.C. Griggs & Company.
3. Georgia Institute of Technology. 2015. Why Alfred Hitchcock grabs your attention. *EurekAlert!*, July 27. https://www.eurekalert.org/pub_releases/2015-07/giot-wah072415.php.
4. Georgia Institute of Technology. 2014. Face it: Instagram pictures with faces are more popular. Georgia Tech News Center, March 20. https://www.news.gatech.edu/2014/03/20/face-it-instagram-pictures-faces-are-more-popular.
5. Jones, B. 2015. tapestry 2015: Seven data story types. DataRemixed, March 4. http://dataremixed.com/2015/03/tapestry-2015-seven-data-story-types/.
6. O'Brien, C., and Archer, W. 1992. New Kid on the Block (67). *The Simpsons*. Los Angeles, CA: 20th Century Fox Television.
7. Radiological Society of North America 2008. Patient photos spur radiologist empathy and eye for detail. *Science Daily*, December 14. https://www.sciencedaily.com/releases/2008/12/081202080809.htm.
8. Rosen, J. 2014. Super Bowl ads: Stories beat sex and humor, Johns Hopkins researcher finds. Hub, January 31. https://hub.jhu.edu/2014/01/31/super-bowl-ads/.
9. Rowling, J.K. 1999. *Harry Potter and the Sorcerer's Stone.* New York: Scholastic.
10. Seastron, L. 2015. Mythic discovery within the inner reaches of outer space: Joseph Campbell meets George Lucas—Part I. Starwars.com, October 22. https://www.starwars.com/news/mythic-discovery-within-the-inner-reaches-of-outer-space-joseph-campbell-meets-george-lucas-part-i.
11. Stanton, A. (2012). The clues to a great story. Talk delivered at TED2012 in Long Beach, CA (February 28, 2012).

Chapter7　打造吸睛的視覺場景

1. Anscombe, F.J. 1973. Graphs in statistical analysis. *The American Statistician*

27 (1): 17-21.

2. Ariely, D. 2009. *Predictably Irrational: The Hidden Forces That Shape Our Decisions*. New York: HarperCollins.

3. Cairo, A. 2013. *The Functional Art: An Introduction to Information Graphics and Visualization*. Berkeley, CA: New Riders.

4. Cleveland, W.S., and Mcgill, R. 1984. graphical perception: Theory, experimentation, and application to the development of graphical methods. *Journal of the American Statistical Association* 79: 531-554.

5. Jonas, J. 2012. Why data matters: Context reveals answers. YouTube, March 14. https://www.youtube.com/watch?v=ipxRA7ira4c.

6. Rosling, H., Rosling, O., and Roennlund, A.G. 2018. *Factfulness: Ten Reasons We're Wrong about the World—and Why Things Are Better than You Think*. New York: Flatiron Books.

7. TED. 2019. TED Speaker: Hans Rosling. https://www.ted.com/speakers/hans_rosling (accessed 22 May 2019).

8. Trafton, A. 2014. In the blink of an eye. *MIT News*, January 16. http://news.mit.edu/2014/in-the-blink-of-an-eye-0116.

9. Ware, C. 2013. *Information Visualization: Perception for Design*. Waltham, MA: Elsevier.

10. Tufte, E. 2016. Keynote Session: Dr. Edward Tufte—The future of data analysis. Presentation at Microsoft Machine Learning & Data Science Summit 2016 in Atlanta, GA (September 28, 2016).

Chapter 8　讓視覺場景活起來

1. Diakopoulos, N. 2013. Storytelling with data visualization: Context is king. September 17. http://www.nickdiakopoulos.com/2013/09/17/storytelling-with-data-visualization-context-is-king/.

2. Few, S. 2011. Dieter Rams' ten principles for good design. *Visual Business Intelligence* (blog), December 15. https://www.perceptualedge.com/blog/?p=1138.

3. Quealy, K., and Roberts, G. 2012. Bob Beamon's long Olympic shadow. *New York Times*, August 4. http://archive.nytimes.com/www.nytimes.com/interactive/2012/08/04/sports/olympics/bob-beamons-long-olympic-shadow.html?_r=0.

4. Reynolds, G. 2007. Hans Rosling: Don't just show the notes, play the music! Presentation Zen, September 18. https://www.presentationzen.com/presentationzen/2007/09/data-is-not-bor.html.

5. Simon, H.A. 1971. Designing organizations for an information-rich world. In

Martin Greenberger, Computers, Communication, and the Public Interest.
Baltimore, MD: Johns Hopkins Press.

6. Stein, L. (2016). A look around Social Media Week, New York. https://www.
   brandingmag.com/2016/02/29/a-look-around-social-media-week-new-york/
   (accessed 24 May 2019).
7. Tufte, E.R. (1983). *The Visual Display of Quantitative Information.* Cheshire,
   CT: Graphics Press.
8. Wong, D.M. (2010). *The Wall Street Journal Guide to Information Graphics:
   The Do's and Don'ts of Presenting Data, Facts, and Figures.* New York: W.W.
   Norton & Company.

Chapter 9　贏得未來的資料說書人

1. Casselman, B. 2015. No Child Left Behind worked. *FiveThirtyEight*, December
   22. https://fivethirtyeight.com/features/no-child-left-behind-worked/.
2. Desliver, D. 2017. U.S. students' academic achievement still lags that of their
   peers in many other countries. Pew Research Center, February 15. https://www.
   pewresearch.org/fact-tank/2017/02/15/u-s-students-internationally-math-
   science/.
3. *The Economist.* 2016. What the world can learn from the latest PISA test results.
   December 10. https://www.economist.com/international/2016/12/10/what-the-
   world-can-learn-from-the-latest-pisa-test-results.
4. Gapminder. 2019. 200 Countries, 200 Years, 4 Minutes. https://www.gapminder.
   org/videos/200-years-that-changed-the-world-bbc/ (accessed May 25, 2019).
5. Rodberg, S. 2019. Data was supposed to fix the U S Education System. Here's
   why it hasn't. *Harvard Business Review*, January 11. https://hbr.org/2019/01/
   data-was-supposed-to-fix-the-u-s-education-system-heres-why-it-hasnt.
6. UNICEF Office of Research. 2017. Building the future: Children and the
   sustainable development goals in rich countries. Innocenti Report Card no. 14.
7. US Department of Education. 1983. A nation at risk. https://www2.ed.gov/pubs/
   NatAtRisk/risk.html (accessed May 25, 2019).

資料故事時代

作　　　者	布倫特‧戴克斯（Brent Dykes）	
譯　　　者	洪慧芳	
主　　　編	呂佳昀	

總 編 輯　　李映慧
執 行 長　　陳旭華（steve@bookrep.com.tw）

社　　　長　　郭重興
發行人兼　　曾大福
出版總監
出　　版　　大牌出版 / 遠足文化事業股份有限公司
發　　行　　遠足文化事業股份有限公司
地　　址　　23141 新北市新店區民權路 108-2 號 9 樓
電　　話　　+886- 2- 2218-1417
傳　　真　　+886- 2- 8667-1851

印務協理　　江域平
封面設計　　陳文德
排　　版　　新鑫電腦排版工作室
印　　製　　凱林彩印股份有限公司
法律顧問　　華洋法律事務所　蘇文生律師

定　　價　　580 元
初　　版　　2022 年 4 月
有著作權　　侵害必究（缺頁或破損請寄回更換）
本書僅代表作者言論，不代表本公司／出版集團之立場與意見

電子書 E-ISBN
9786267102343（EPUB）
9786267102336（PDF）

國家圖書館出版品預行編目資料

資料故事時代 / 布倫特．戴克斯 (Brent Dykes) 作；洪慧芳 譯 . .
　　-- 初版 . -- 新北市：大牌出版；遠足文化事業股份有限公司 , 2022.04
　　　面；　公分
　　譯自：Effective data storytelling : how to drive change with data, narrative
　　　and visuals.
　　ISBN 978-626-7102-29-9 (平裝)

　　1.CST: 商務傳播　2.CST: 溝通技巧　3.CST: 職場成功法

494.2　　　　　　　　　　　　　　　　　　　　111002832